U0353039

ANNABEL KARMEL'S NEW COMPLETE BABY
AND TODDLER MEAL PLANNER

安娜贝尔
育儿食谱大全

专为宝宝配制的200道简单健康食谱

Annabel Karmel

〔英国〕安娜贝尔·卡梅尔 著
于小双 译

译林出版社

本书献给我的孩子们：

尼古拉斯、拉拉和斯卡莉特，

并以此书纪念我早夭的大女儿娜塔莎。

目 录

前言

宝宝要断奶了，父母摩拳擦掌。待向亲朋好友求助，以及查阅相关网站或报刊之后，又转而开始忧虑。宝宝才5个月就断奶，父母心里感到愧疚不已。喂了2周无滋无味的婴儿米粉之后，是不是要换成胡萝卜浓汤？但胡萝卜里会不会含有硝酸盐？是不是有机胡萝卜？是煮还是蒸？是不是该先喂3天试试，看看会不会有过敏反应，然后再换其他食物？要是切成小块冻在冰格里，是不是要先解冻？把冰格放在微波炉里解冻安全吗……这还仅仅只是蔬菜而已。什么时候能喂鱼肉、鸡肉或猪肉呢？如何喂养宝宝，成为让父母头痛的一大难题。

母亲或祖母那一辈的人向你传授了多少经验呢？你是不是不敢喂鸡蛋、红肉和鱼肉，虽然你也说不清为什么不能喂？我很遗憾地告诉你，好多说法并没有科学依据。我之所以写这本书，就是要指导你如何喂养孩子，每个月能喂些什么，哪些说法可信，哪些说法不可信。我会回答父母关于宝宝饮食的所有问题，让父母学会烹制新鲜食物，让宝宝获得充足的营养。

婴儿的饮食习惯和口味（无论好坏）会影响他们的一生。宝宝1周岁前长得最快，6—12个月是培养味觉的最佳时机。其间，你可以给宝宝喂各种味道的不同食物。几周以后就可以喂红肉、鸡肉和鱼肉了。周岁之前必须吃肉才能保证营养。早期需要把食物磨碎和切碎，因为宝宝会懒于咀嚼。要是一开始就给宝宝喂新鲜食物，宝宝很快就能和大人吃一样的东西了。要是这段时间没在意，宝宝以后可能会挑食。

从1991年起，我就着手开始写这本书，那时我的第一个孩子娜塔莎因一种罕见的病毒性疾病而早夭。我希望其他的孩子不会像娜塔莎一样，所以多年来我一直与婴儿营养界的顶尖专家合作研究婴儿营养问题。作为婴幼儿喂养方面的权威图书，本书已经畅销了20年，被翻译成20余种文字出版。此次再版也吸收了婴幼儿营养学界所有最新研究成果，更新了原有的食谱，新增了25种新食谱，并附上了生动的图片。

在英国，90% 的垃圾食品都是由父母买给孩子吃的，4 岁以下的孩童当中，20% 的人体重超标，由此看来，我们是该回家做饭了。20年来，相比英国的其他父母，我可能花了更多时间在厨房里给孩子做健康的三餐，所用食谱也都通过了婴幼儿营养检测。有了这本书的帮助，你也可以烹制出简单、美味、营养的食物。我还可以保证，不用花太多功夫，你就能做出让孩子垂涎欲滴的餐食。

我希望你能喜欢书里的食谱和指导性意见，能将它们写下来与你分享，我感到非常快乐……

安娜贝尔·卡梅尔

第一章

对宝宝最好的辅食

英国卫生部建议宝宝不应在6个月之前断奶，并且6个月之内应该一直坚持母乳喂养，虽然不久之前的说法还是“4到6个月”。统计数据显示，英国大部分宝宝都是在6个月前断奶的，多数健康专家认为，许多宝宝不到6个月就已经出现可以断奶的迹象，最小的只有17周。最初几个月，宝宝的消化系统还没有发育完全，过早摄入异种蛋白可能会导致宝宝食物过敏。

母乳或配方奶依然不可或缺

要记住，对一天天长大的宝宝来说，开始添加辅食时，母乳或配方奶仍然是最佳、最天然的食物。我会鼓励母亲试试延长母乳喂养，除了能够给予宝宝精神安慰之外，母乳中的多种抗体也能保护宝宝不受感染。最初几个月，宝宝的抵抗力很弱，母亲最初几日分泌出的初乳含有丰富抗体，能促进宝宝免疫系统的发育。（由此可见，母乳喂养有极大的好处，即便只能喂上1周。）医学证明，母乳喂养的宝宝以后患某些疾病的几率会大大降低。

母乳中含有宝宝所需的各种营养物质，每120毫升的母乳里含有65卡热量，配方奶里也添加了多种维生素和铁。牛奶并不能满足宝宝的全部所需，所以最好等宝宝1周岁以后再喂牛奶。辅食里含有固体，能增添新的口味、硬度和香味，还能促进宝宝锻炼口腔肌肉，但太早给宝宝添加辅食会引起便秘，营养摄入也会因此而不足。宝宝从少量辅食中获取的营养会少于从母乳或配方奶中获得的营养。

别用软化过的水或反复烧开的水清洗奶瓶，因为这样可能导致大量矿物盐的生成。婴儿奶瓶也不能放入微波炉里加热，否则瓶子可能还是冷的，但里面的液体已经很烫了。应该把奶瓶放进热水中稍稍加温。

4—6个月的宝宝每日应该摄入500—600毫升的母乳和婴儿配方奶。如果同时添加辅食，500毫升就足够了。8个月大的宝宝应该每日喝上4次（如果每次连一瓶都没喝完就更应如此）。要是很快减少次数，摄入量将会不足。有些母亲会在宝宝饥饿时喂辅食，这是错误的。宝宝需要的只是再喂上一顿母乳或配方奶而已。

周岁之前，宝宝应该喝母乳或配方奶。普通牛奶和羊奶不能作为主食，因为其中的铁和其他营养物质含量不能满足宝宝的正常生长所需。但是断奶的时候，可以在饭食或麦片里掺入全脂牛奶。宝宝接受水果或蔬菜之后，就可以喂他们酸奶、奶酪之类的乳制品了，宝宝一般都很爱吃。要选择全脂牛奶而不是低脂牛奶，因为宝宝成长需要足够的卡路里。

新鲜的最好

新鲜食物在色、香、味上都比婴儿罐头食品更胜一筹，只要烹制得当，对宝宝（和你）只会更加有益。因为营养物质，尤其是维生素，在罐头的制作过程中会有所损失。自制食品和买到的罐头食品味道不同。我相信，宝宝若是很小就开始吃各种新鲜食物，很快就能和家人一桌吃饭了。

有机食品

有机水果和蔬菜的生长过程中没有用到化学物质，如农药和化肥。迄今为止，尚没有科学证据显示一般食品中的农药残留会对孩童健康有害，但有些母亲还是不愿冒险。她们的选择于环境有益，但这样的有机食品价格高昂，是不是要高价购买有机食品，需妈妈们自己做决定。

转基因食品

转基因（GM）就是把某一物种的基因转移到其他物种上。比如，一种作物能抗病虫害，它的基因就可以被转移到另一作物上。至于转基因是否能提高作物的品质和产量，转基因带来的好处是否大于其对人类和环境的危害，还有待进一步的研究。如果你不想吃转基因食品，就要看清楚包装上的说明。法律规定，如果使用了转基因原料，必须在包装上注明。

营养标准

蛋白质

蛋白质对于宝宝的生长发育非常重要，此外，蛋白质可以补充能量（或转化为脂肪）。蛋白质由多种氨基酸组成。有些食品（红肉、鱼肉、黄豆，奶酪之类的乳制品）含有身体所需的所有氨基酸，其他食品（谷类、豆类、坚果和菜籽）虽然也富含氨基酸，但无法满足人体所需。

碳水化合物

碳水化合物和脂肪是人体主要的能量来源。碳水化合物可分为两大类：糖类碳水化合物和淀粉类碳水化合物（复杂碳水化合物还富含纤维）。这两大类又可各自分出两个小类别：天然碳水化合物和人工碳水化合物。天然碳水化合物对身体更为有益。

脂肪

脂肪是主要的能量之源，与成人膳食相比，宝宝膳食中脂肪所占的比例应该更高。奶酪、红肉和蛋类等高能量的食物可以促进成长发育，母乳中的脂肪可以转化成一半以上的能量。含有脂肪的食物同时也含有对宝宝健康发育有益的脂溶性维生素 A、D、E 和 K。问题是，许多人摄入的脂肪过量或摄入脂肪的种类不对。

脂肪可分为两大类——动物和人造硬质脂肪（常见于蛋糕、饼干和硬质植物黄油）中的饱和脂肪（室温下会固化）、植物中的不饱和脂肪（室温下会液化）。饱和脂肪最为有害，可能会在日后导致胆固醇过高和冠心病。

2 周岁前的宝宝必须喝全脂奶，但辅食里要尽量减脂。要注意黄油和植物黄油的用量，并减少肥肉（肥肉糜或香肠等）的用量，代之以瘦的红肉、鸡肉和富含油脂的鱼肉，以减少饱和脂肪酸的摄入。

必需脂肪酸（EFA）对于宝宝的大脑和视力发育非常重要。必需脂肪酸分为两大类——葵花籽油、红花籽油、玉米油等植物油中含有的 omega-6 与鲑鱼、鳟鱼、沙丁鱼和新鲜金枪鱼（非罐装金枪鱼）等富含油脂的鱼类中含有的 omega-3。一般情况下，我们从日常饮食中能摄入足量的 omega-6，但常常缺乏的是 omega-3。两种脂肪酸的摄入比率是最重要的，尤其是在婴儿时期。

对多数周岁前一直食用足量新鲜食物和配方奶的宝宝来说，额外补充维生素可能并无

糖类

天然糖

- 水果和果汁
- 蔬菜和蔬菜汁

人造糖

- 糖和蜂蜜
- 软饮料
- 甜果冻
- 果酱和蜜饯
- 饼干和蛋糕

淀粉类

天然淀粉

- 全麦早餐麦片、面粉、面包和比萨
- 糙米
- 土豆
- 干菜豆和小扁豆
- 豌豆、香蕉和其他多种水果和蔬菜

人造淀粉

- 精加工过的早餐麦片（比如，裹了糖衣的麦片）
- 白面粉、面包和比萨
- 白米
- 含糖饼干和蛋糕

必要。但英国卫生部建议，如果宝宝是由母乳喂养（母乳中维生素 D 含量不足），或每日仅摄入不足 500 毫升的配方奶，那就该从第 6 个月起给宝宝服用维生素 D，直至宝宝 2 周岁。父母可咨询一下健康顾问，从他们那里获得建议。

素食宝宝应该每日食用至少 600 毫升的加铁婴儿豆奶，直至 2 周岁，这样他就不再需要额外补充维生素 D 了。6 个月至 2 周岁间的宝宝如果每日食用的加铁配方奶或配方豆奶不足 500 毫升，常会造成维生素 A 或维生素 D 的缺乏。

必要的维生素和矿物质

维生素A
有益于生长、肤质健康、牙釉质和视力发育，同时可提高免疫力。

肝脏
富含油脂的鱼类
胡萝卜
深绿色的叶菜
（比如椰菜）
橙子和红色的水果与蔬菜
（比如胡萝卜、红椒、红薯、番茄、杏、芒果和冬南瓜）

复合维生素B
有益于生长，并促进消化和神经系统发育，能将食物转化为能量。维生素B族里有许多成员。许多食物里都含有某几种维生素B，只有肝脏和酵母提取物里含有所有种类的维生素B。

肉类
沙丁鱼
乳制品和蛋类
全麦麦片
深绿色蔬菜
酵母提取物（如马麦脱酸制酵母）
坚果
干豆
香蕉

维生素C
有益于生长、人体组织发育和伤口愈合，能预防感染，还能促进铁的吸收。

以下蔬菜里含有大量维生素C：
西兰花、甜椒、土豆、菠菜、花菜
以下水果里含有大量维生素C：
柑橘、黑醋栗、甜瓜、木瓜、草莓、猕猴桃

维生素D
有助于骨骼生长，可促进钙的吸收。只有少量食物中含有维生素D，多晒太阳可以刺激皮肤合成维生素D。

富含油脂的鱼类
蛋类
植物黄油
乳制品

维生素E
有助于保护细胞结构，帮助人体生成和维持足量的红细胞。

植物油
牛油果
小麦胚芽
坚果和种子

钙
有助于强健骨骼和牙齿，并能促进生长。

乳制品
含鱼骨的鱼肉罐头（如沙丁鱼）
果干
白面包
绿叶蔬菜
豆类

铁
有益于血液和肌肉健康。贫血现象很常见，会让宝宝感到疲劳和虚弱。红肉是最佳含铁食物，很难从肉类以外的食物中获取铁。如果与富含维生素C的食物一同食用，铁的吸收率能提高约30%。

红肉（尤其是肝脏）
富含油脂的鱼类
蛋黄
果干（特别是杏干）
添加了铁的全麦麦片
小扁豆和干豆
绿叶蔬菜

维生素对于大脑和神经系统的正常发育必不可少。营养均衡的食谱应该包含宝宝所需的所有营养。过量的维生素可能是有害的，但挑食的宝宝可以服用专为婴儿研制的复合维生素。

维生素分为两大类——水溶性维生素（维生素 C 和复合维生素 B）和脂溶性维生素（维生素 A、D、E 和 K）。人体内无法储存水溶性维生素，所以应该让宝宝每日食用含有这类维生素的食物。烹饪时间过长也会破坏水溶性维生素，特别是水煮水果和蔬菜。可以尽量生吃或者稍稍烹制一下就食用（如上锅略蒸一下）。

要当心的食物

有些食物和乳制品会引起食物中毒（参见第 8 页右上角方框内容）。对营养正常的宝宝来说，并没有证据显示，4—6 个月之后才断奶或推迟食用可能诱发过敏的食物，就会影响过敏反应的产生。事实上，给 6—9 个月的宝宝喂多种食物，包括易诱发过敏的食物，如鸡蛋和鱼肉，能让宝宝适应多种食物，并不会导致过敏反应的加剧。

如果有家族过敏史，或宝宝患有湿疹，给宝宝换口味或让宝宝食用易诱发过敏的食物时就该特别谨慎，可以每次只给宝宝食用一种食物，看看是否出现过敏反应。如果宝宝患有严重湿疹，可以在断奶前给宝宝做个过敏测试，先找出过敏原。研究表明，6 个月前就患上严重湿疹的宝宝，食物过敏的可能性极大。

宝宝食物过敏有两种表现：速发型过敏会导致全身突然发痒、肿胀，严重的时候还可导致呼吸困难；迟发型过敏会引发湿疹、胃食管反流、绞痛和腹泻，但是由于症状的延迟出现，很难说是哪种食物（常常是牛奶）诱发了过敏。浆果引发的潮红常见于湿疹患儿，这是由果酸引起的，并不是过敏反应。出现此种症状，并不影响宝宝继续食用浆果。

水

没有食物人类能存活相当长时间，但离了水就只能存活几天。与成人相比，宝宝的皮肤和肾脏会排出更多的水分。因此要注意防止宝宝脱水。要保证宝宝摄入了足量的饮品，天气炎热的时候，凉开水是最好的饮品——与含糖饮料相比，凉开水更解渴。不要给宝宝喝瓶装的矿泉水，因为矿泉水中含有大量矿物盐，宝宝不宜饮用。

小宝宝口渴的时候，最好只喝母乳（或配方奶）和水。为预防龋齿，水果糖浆、果汁汽水和加糖的花草茶都尽量别喝。要是包装上写着“葡萄糖”，也别上当——葡萄糖只是糖类的一种而已。

要是宝宝不愿喝水，就给他喝不加糖的婴儿果汁或新鲜的纯果汁。按说明稀释，或按 1∶3 的比例兑水喝。

要特别当心的食物

- 牛奶和乳制品
- 蛋类
- 花生
- 坚果
- 鱼类
- 贝壳类水产
- 巧克力
- 小麦制品
- 猕猴桃
- 芝麻

过敏问题

不必过分在意食物过敏，除非有家族过敏史或遗传性过敏症状。没有家族过敏史的宝宝食物过敏的几率极低（6% 左右）。

近期有专家建议，宝宝可在 4—6 个月的时候开始添加辅食，包括易诱发过敏的食物。一般家长会每次试喂一种易诱发过敏的食物，然后等一两天看看反应，再喂下一种。但是延迟食用此类食物并不会降低过敏发生的几率。在咨询医生之前，请不要让宝宝中断食用乳品和小麦之类的重要食物。

好在宝宝长大以后一般不会再产生过敏反应（一半的孩子是在 4—6 周岁之间），但有些过敏反应持续的时间更长一些。不过对坚果、鱼类和贝壳类食物的过敏反应很难消失。要是发现宝宝有什么不对劲的地方，一定要带宝宝去看医生。小宝宝的免疫系统还没有发育完全，很容易生病，如果治疗不当，会引起严重的并发症。

乳糖不耐

遗传性的乳糖不耐在大一些的儿童身上才会发生，婴儿一般不会受其影响。生下来就乳糖不耐的宝宝少之又少，有些肠胃专家甚至怀疑这种情况根本就不存在。如果你怀疑宝宝有乳糖不耐，这大多只是由胃部不适引起的腹胀，此时乳糖酶水平会暂时降低，引起腹泻和胃胀气，但几周之后就能好转。这是暂时性的，不应和牛奶蛋白过敏相混淆。如果是母乳喂养，那就坚持下去，但如果宝宝食用的是配方奶，就该换种低乳糖的配方奶试上几周，然后再食用正常的配方奶。豆奶中虽然不含乳糖，但 6 个月以下的宝宝最好不要食用，因为其中的雌激素含量较高。

乳糖不耐并不是一种过敏反应，只是因为人体缺乏某种消化酶而不能消化乳糖（乳制品中的糖分）而已。乳糖不耐常常是遗传性的，在深肤色人种间尤其常见。如果宝宝患有乳糖不耐，通常食用乳制品之后的 30 分钟就会出现腹胀、腹泻。这时就要停止给宝宝食用乳糖含量高的食物，如纯牛奶、奶油或软奶酪。

许多奶酪和酸奶中的乳糖含量极低，因此比较安全，超市里常有降低了乳糖含量的乳制品销售。大一些的宝宝如果有乳糖不耐症状，这些症状将会持续终生。

牛奶蛋白过敏

食品标准署建议，6 个月以下的宝宝需遵医嘱才能食用婴儿配方豆奶。在几乎所有情况下，母乳或换种配方奶都是最佳选择。有专家担忧，食用配方豆奶会影响宝宝的生殖系统发育。这是因为大豆里含有大量植物雌激素，而宝宝的豆奶摄入量又会很大。

6 个月以下的宝宝是不宜食用大豆的，以防雌激素水平升高，这一阶段的宝宝主要食用母乳或配方奶。6 个月以后，如果有牛奶蛋白过敏迹象，可以用豆奶替代，即便不过敏，也可以将豆奶作为一种补充食品。

鸡蛋

6 个月大的宝宝可以开始食用鸡蛋，但鸡蛋必须煮熟，蛋黄和蛋白都要凝固。1 周岁以上的宝宝可以吃半熟的鸡蛋。许多人等宝宝满周岁才给宝宝吃蛋黄，但这么做毫无依据——可以喂宝宝吃一整个鸡蛋。

水果

有些宝宝对柑橘或番茄会产生不适反应。对番茄、柑橘或浆果过敏非常罕见。嘴角起红疹也可能是由果酸引起的刺激反应，常见于湿疹患儿。有时宝宝会对猕猴桃过敏。

蜂蜜

12 个月以下的宝宝不应服用蜂蜜，否则可能引起肉毒杆菌中毒。虽然这种情况颇为罕见，但为保险起见，还是要尽量避免，因为宝宝的消化系统还很脆弱，不能抵抗病菌。

坚果

50 个英国孩子里就有 1 个对坚果过敏。

花生、花生制品，以及胡桃、榛子之类长在树上的坚果会诱发一种严重的过敏反应，可能会危及生命。如果有甘草热、湿疹和哮喘之类的过敏史，还是谨慎些好。如果很担心坚果过敏，比如宝宝的兄弟姐妹或父母对坚果过敏或患有湿疹，断奶的时候可以带宝宝做个过敏测试。如果不担心坚果过敏，6 个月以后就可以给宝宝喂花生酱和磨细的坚果。但别让 5 岁以下的孩子食用整颗坚果和切碎的坚果，以防窒息。

过去曾有人建议，如果有家族过敏史，母亲在孕期和哺乳期就该避免食用花生，3 周岁以下的孩子也不该食用坚果。但后来随着了解的加深，这个说法已经销声匿迹了，因为避免食用花生并没有减少婴儿的花生过敏反应。还未有人提出新的建议，我个人还是赞成 6 个月以上断奶的时候可以食用花生制品（如花生酱）。但要是担心坚果过敏或患有严重湿疹，就该先做个过敏测试，确定没有问题再食用坚果。

面筋

小麦、黑麦、大麦和燕麦中都含有面筋。六七个月大的宝宝可以开始食用小麦麦片、面包或小块意面之类含有面筋的食品，但最好是作为对母乳的补充。

刚开始购买婴儿麦片和面包糠时，最好要选择不含面筋的品种。最先食用婴儿米粉是最安全的，此后再选择其他多种不含面筋的食材用于勾芡和烘焙，如大豆、玉米、大米、小米面、荞麦面和玉米粉。

某些情况下，对于小麦和同类蛋白质的不耐只是暂时的，孩子两三周岁前就会好转。但某些人的过敏症状会持续终生，这类症状被称作乳糜泻，包括没有胃口、发育迟缓、腹部肿胀、大便色浅，甚至伴有恶臭。通过血检可以确诊。

胃食管反流

食管下括约肌的功能障碍使得胃内食物及胃酸等反流入食管，引起呕吐和胃灼热，这就是胃食管反流。所有宝宝出生时括约肌都不够强健，有些宝宝会因为反流而吐出大量食物。

症状包括持续性呕吐、不肯进食或每次少量进食、体重减轻或不增加、进食后无休止哭闹。要是宝宝有这些症状，就带宝宝去看医生。反流也有可能是由牛奶过敏引起，如果有家族过敏史或由母乳喂养转向配方奶的过程中症状恶化或药物无效，请向医生咨询。

要是宝宝被确诊为胃食管反流：

- 喂食过程中以及之后20分钟内把宝宝竖起来抱，能有效缓解症状。
- 在婴儿床的床脚下垫上砖块或厚书，把头部垫高几英寸，重力会帮助食物下流。
- 每次少量进食，每日多喂几次。
- 如果情况严重，可以试试在母乳或配方奶里加入增稠剂。医生可以开处方让宝宝服食添加了增稠剂的配方奶。有些宝宝还需要服用抑酸药物。多数情况下，开始添加辅食后，胃食管反流会有所改善，但这并不意味着要提早给宝宝添加辅食。

烹制婴儿食品

烹制婴儿食品并不难，但因为对象是婴儿，多多考虑卫生状况等还是非常重要的。烹制之前一定把水果和蔬菜清洗干净。

器具

你需要的多数器具厨房里应该都有（比如食品粉碎机、擦菜板和筛子），但下面的四种重要器具你未必已经有了：

- **婴儿食品研磨机**　这是个手动旋转的机器，能够把食物研磨成泥状，把种子、粗纤维和果肉分开（前两者宝宝会很难消化）。用来研磨杏干、甜玉米或青豆再理想不过，用来研磨土豆也不错，如果用食品料理机或搅拌机，土豆泥会粘在器具上。
- **电动手持搅拌机**　这种器具很容易清洁，非常适合做小份的婴儿浓汤。
- **食品料理机**　想要分格冷冻食物的时候，很适合用它来制作大份浓汤。

蒸笼　蒸煮最有利于锁住食物的营养成分。可以买一个多层的蒸锅，要省钱的话，也可以在深底锅上放张滤网，再配个严丝合缝的锅盖。

消毒

给奶瓶做好消毒是非常重要的，尤其是奶嘴，方法可以自选。温牛奶最容易滋生细菌，要是奶瓶没有好好清洗和消毒，宝宝可能会因此而生病。但用于烹饪、搅拌或存储宝宝食品的器具并无必要消毒，但要特别注意把每件器具清洗干净。

洗碗机可以把器具洗得非常干净，如果有洗碗机，可以拿出来用。最后用一块干净的抹布或厨房纸把器具擦干。

给所有的奶瓶和奶嘴消毒，一直到宝宝满周岁为止。宝宝会爬并能伸手把所有东西放进嘴里的时候，就没有必要给勺子或食品盒消毒了，也没有必要给其他的喂食器具消毒，但还是要把碗和勺子放进洗碗机里或在水温 27℃的水里用手（戴上胶皮手套）清洗干净。要是用了食品搅拌器具，要用开水彻底洗净，因为这些器具容易滋生细菌。

蒸

把蔬果蒸软。这是锁住鲜味和维生素的最佳方式。维生素 B 和维生素 C 是水溶性的，烹制时间过长很容易被破坏，尤其是被水煮的时候。西兰花一煮就会丧失 60% 的抗氧化剂，但蒸的时候只会丧失 7%。

煮

把蔬菜或者水果削皮，去籽，然后切块。只放少许水，小心别煮过头。加入足量的汤汁或少量的配方奶（或母乳）即可煮出均匀的浓汤。

微波炉

把水果和蔬菜放在大小合适的容器里。加入少量水，盖上盖子，留出一个出气孔，用高火转至食材变软（中间搅拌一次）。取出后搅打成浓汤。给宝宝吃前要尝尝会不会太烫，要搅拌均匀，以免冷热不均。

烘烤

要是用烤箱来烹制全家人的餐食，也可以顺便给宝宝烤一个土豆、红薯或冬南瓜。在蔬菜上扎几个眼儿，烤至食材变软。切半（取出冬南瓜里的瓜籽），用勺子挖出果肉，拌入少许水、母乳或配方奶，压成泥状。

冷冻婴儿食品

宝宝的食量很小，因此尤其是刚断奶的时候，一次多熬些浓汤，把吃不完的倒进冰格或小塑料盒里冻起来下次吃，能节省不少时间。也就是说，参考一周推荐食谱（参见44—47页），几小时内做出的食物就够宝宝吃上一个月了。

把食物做好之后，尽快盖上盖子放凉。冷冻的时候要盖严实了才能保鲜。可以买带盖的冰盒。最好是能把盒子装满，不让其中充满大量空气。食物应该存放于 –18℃以下，冰箱应始终不断电。

宝宝食量大些以后，就买那种专用于冷冻婴儿食品的、盖子能扣上的塑料盒。在盒子上贴上标签，说明盒中是什么食物，保质期多久。既可以把盒子提前几小时从冰箱里拿出来解冻，也可以把食物放在锅里加热或用微波炉解冻。每次都要把解冻后的食物煮开，然后放凉，给宝宝食用前要试试烫不烫。要是用微波炉加热的话，要搅拌一下，以防冷热不均。

- 不要把冻过的食物解冻后再次放进冷冻室里。冷冻蔬果制成浓汤后可再次冷冻。
- 不要把加热解冻后的食物放进冷藏室里留待再次加热食用。
- 要是把婴儿食品放进冷藏室里解冻一晚，必须在24小时内食用完毕。加热后要在1小时内食用，因为婴儿食品容易滋生细菌。
- 不要把冻过的食物再次冷冻。但可以把冻过的生食做熟之后再次冷冻。比如，冻过的豌豆做熟以后可以再次冷冻。
- 有时可以在加热冷冻食物的时候加入些液体，防止食物变干。
- 婴儿食物可以在冰箱里冷冻8周。

食用特别的食物

下页方框里列出了一些特别的食物，在宝宝没到一定岁数之前，别让宝宝吃这些东西。这张表不一定全面。之后的章节里会有进一步介绍。

食谱

下一章里，我会列出几周的食谱，助宝宝顺利度过断奶之后的前几周。“初次添加辅食食谱”（参见 44—45 页）中列出的主要都是单一食材，比如易消化、不易诱发过敏的蔬果浓汤，它们能帮助宝宝逐步断奶并适应辅食的添加。一旦宝宝熟悉了这些味道之后，就可以尝试“继续添加辅食食谱”了（参见 46—47 页），其中包括胡萝卜和豌豆或桃子、苹果和梨混合而成的果蔬浓汤。你也可以根据当季食材调整食谱。

这些食谱只是供你参考而已，还要考虑到体重等其他因素。要是宝宝的最后一餐是在睡前，不要给宝宝食用难消化的东西。这个时候也不该试验新食物。

我尽量多给出了一些食谱，但我希望实际操作中宝宝会有喜欢的食物，想要多吃几次——这个时候冰箱就派上用场了。

下面的一些章节里列出了一周食谱供你参考。可以根据季节和家庭其他成员的三餐调整你的食谱。宝宝 9 个月以后，你就该同时烹制家人和宝宝的食物了，但宝宝的那份不能加盐。有的宝宝可能想一日吃四顿，但后面的几章一周食谱里我只列出了三餐，对大部分宝宝应该够用了，尤其是在三餐间还补充一些健康辅食的情况下。

前几章中的多款蔬菜浓汤可以改成蔬菜汤，许多蔬菜都可以作为其他家人的佐菜。同样，要是你给宝宝喂了给家人烹制的食物，一定不能加盐。后几章里的食谱适用于全家人。

食谱边上有两张人脸——一张是笑脸☺，一张是哭脸☹。每尝试一款食谱，你都可以勾选一个，这样就可以计算自己的成功率了。有些食谱边上有一片雪花，表示可以冷冻。

什么时候可以开始……？

吃面筋（小麦、黑麦、大麦和燕麦）

6个月

吃柑橘

6个月

吃煮熟的蛋

6—9个月

吃半熟的蛋，比如炒鸡蛋

1周岁以后

在餐里加盐

12个月之后可少量

加糖

12个月之后可少量

将全脂牛奶作为主要饮品

12个月

吃蜂蜜

12个月

吃肉酱

12个月

吃软质 / 蓝纹奶酪，

比如布里奶酪 / 贡佐拉奶酪

12个月

吃整颗/切碎的坚果

5周岁

第二章

断奶初期

第一章里提到，英国卫生部近期建议 6 个月以后再断奶。但多数英国宝宝是在 4—6 个月间断奶的。宝宝间存在个体差异，如果出现以下迹象，就可以考虑添加辅食了：

1. 全部喝奶，宝宝已经不满足了。
2. 宝宝要喝奶的次数不断增加。
3. 夜间宝宝睡一会儿就会饿醒。
4. 其他人吃饭，宝宝会很专注地盯着看。
5. 坐起来的时候，宝宝已经能自己直起头颈。

注意：至少 17 周之前，宝宝的消化系统还不能消化母乳或配方奶以外的食物。

先给宝宝喂由苹果、梨、胡萝卜、红薯、土豆或冬南瓜制成的顺滑浓汤。还可以在水果和蔬菜里拌入婴儿米粉。宝宝第一周吃不了多少。先每日添加一次辅食，挑一个你不累也不忙的时间。要让宝宝有点饥饿感，但不能太饿。可以先给宝宝喝点儿母乳或配方奶，稍微缓解一下。别急于求成，要按着宝

宝的需求慢慢来。

母亲的直觉很灵，要是你觉得已经可以开始添加辅食，那多半错不了。要是你试着喂了几次，宝宝都不感兴趣，你尽可以过几天再试。记住之所以建议6个月断奶，其中一个原因是，在某些不发达国家，过早添加辅食会引发感染，而母乳是无菌的。

第一次喂水果和蔬菜

头一次添加的辅食应该是既易消化又不易诱发过敏反应的。

我发现，胡萝卜、红薯、欧洲防风根和甘蓝之类的根菜很受小宝宝欢迎，因为制成蔬菜浓汤后，它们自有一股甜味而且汤汁顺滑。小宝宝最先能吃的水果是苹果、梨、香蕉和木瓜，但要选择成熟且味道甘甜的水果，最好你先尝一尝再给宝宝吃。

最近，有专家建议说，最好每喂一种新的食物，都要等上3天看看反应，再喂下一种。但除非有家族过敏史或者担心宝宝会对某种食物起反应，否则完全可以连续喂新的食物，只要你坚持按照本书里的一周食谱来喂养宝宝（参见24页）。

开始添加辅食的时候，注意不要减少母乳或配方奶的摄入，因为它们对于宝宝的生长发

刚添加辅食时最适合给宝宝吃的水果	最适合给宝宝吃的蔬菜
苹果	胡萝卜
梨	土豆
香蕉*	甘蓝
市瓜*	欧洲防风根
	南瓜
	冬南瓜
	红薯

*香蕉和木瓜只要已经长熟，就不再需要上锅蒸煮了。既可以直接搅打成果泥，也可以加入少量母乳或配方奶。香蕉不宜冷冻。

育仍然是最重要的。

断奶的时候尽量给宝宝喂各种食物。只要宝宝能接受“初次添加辅食食谱”里的辅食，就可以给宝宝喂各种水果和蔬菜了（参见 31 页）。但要小心柑橘、菠萝、浆果和猕猴桃，这几种水果可能会使个别宝宝产生过敏反应。

水果

刚开始，应该给宝宝喂蒸煮过的苹果浓汤和梨肉果泥，但香蕉泥或木瓜泥是可以直接吃的。几周之后，宝宝就可以直接吃其他的果泥或浓汤了，比如甜瓜、桃和李子——只要长熟了，这几种水果都很美味。

可以给宝宝吃果干，但只能是少量的，虽然果干营养丰富，但它们容易引起轻度腹泻。要是害怕水果、蔬菜生长期里使用了杀虫剂，可以选择有机水果和蔬菜。

蔬菜

为使宝宝爱上更清淡的味道，有的人喜欢先给宝宝喂蔬菜而不是水果。

给宝宝添加辅食的时候，最好先从根菜开始，尤其是胡萝卜，因为胡萝卜有股天然的甜味。不同的蔬菜含有不同的维生素和矿物质（参见 6 页）。

许多蔬菜的口味较重，比如西兰花，所以当宝宝能够吃辅食的时候，可以拌入些土豆（或婴儿米粉）和母乳（或配方奶），使味道更加可口。小宝宝喜欢清淡的食物。

所有的水果和蔬菜都可以放入微波炉里转熟（参见 13 页上的方法）。

米粉

刚刚添加辅食时还有另一种很好的选择，这就是婴儿米粉。拌入水、母乳或配方奶之后，米粉会很容易消化，米香味会使宝宝更容易接受这样的辅食。选择一种无糖的、添加了维生素和铁的米粉。我个人喜欢将婴儿米粉拌入水果和蔬菜浓汤里。

顺滑度

刚断奶的时候，米粉和水果或蔬菜浓汤应该是很稀很烂的。这就意味着多数蔬菜要蒸煮至软烂，这样才能很容易被搅打成浓汤。可能需要将浓汤调稀一点儿，因为宝宝更容易接受半干半稀的辅食。可以用配方奶、母乳、果汁或开水来稀释。

宝宝习惯吃辅食之后，可以逐渐减少添加的液体，这样宝宝就能开始试着咀嚼。宝宝一旦开始长牙就会想要咀嚼（通常是在 6—12 个月间），这是很自然的过程。也可以在浓汤里加入婴儿米粉或面包糠，使其变稠。宝宝长大一些，开始吃固体辅食之后（约莫 6 个月大），某些水果就可以直接生吃了，蔬菜也可以略微煮一下就吃（维生素 C 可以得到更多保留）。

在蒸煮或做浓汤之前，要将水果去皮，去核，去籽。有须根或种子的蔬菜应该先过筛或放进婴儿食品研磨机里研磨一下。这个年龄段的宝宝还不能消化豆科植物的外壳。

分量

刚开始的时候，宝宝只能喝 1—2 小匙婴儿米粉或一份水果、蔬菜浓汤，这就是一份量——在本章里，也就是指一两个冰格。

宝宝习惯吃固体辅食之后，你就要每次解冻三四个冰格了，或者也可以用大盒子来冷冻食物。

饮品

水是最好的饮品。但鲜橙汁的维生素含量

很高，能促进铁的吸收。要是宝宝对橙汁过敏，可以给宝宝喝黑醋栗汁或野玫瑰汁。按 1∶5 的比例将果汁稀释在凉开水里。稀释后的果汁我们喝起来会觉得淡而无味，但刚开始接触果汁的宝宝却能喝出其中的甜味。别给宝宝喝甜的饮品，因为他会因此而长蛀牙，以后也会拒绝喝水。

要是买罐装果汁，应该避免买添加了甜味剂的那种。但即便标签上写明“不含甜味剂”或“不加糖”，原有的糖分和果酸仍然会让宝宝生蛀牙。别让宝宝一直饮用水以外的任何饮品。

家里有宝宝，榨汁机就是一件很有用的厨房器具。许多水果和蔬菜都可以被榨成营养丰富的果蔬汁。

开始添加固体辅食小贴士

1. 用母乳、配方奶、不含甜味剂的果汁或饮用水先将米粉或浓汤调稀调烂。这里有个小窍门：把浓汤倒在奶瓶（已消毒）的塑料盖里搅拌。

2. 扶住宝宝，让宝宝舒服地站在你的膝盖上，或坐在婴儿椅上。最好先做好防护，以防宝宝吐出来。

3. 挑个宝宝不是很饿的时候，可以先喂些母乳或配方奶，让宝宝暂时不那么饿——这个时候宝宝更容易接受新的食物。

4. 宝宝不可能自己把勺子上的食物舔下来，所以换个小的塑料平勺，好让他能用嘴唇咂摸些食物下来。（能买到特制的断奶用勺。）

5. 先每天给宝宝添加一次固体辅食，一次1—2小匙。我建议安排在中午。

水果和蔬菜

初次添加辅食

苹果

五份量

选用甜苹果。取2个中等大小的苹果，去皮，切半，去核，切块。放入锅内，加入4—5大匙清水。盖上锅盖，小火炖烂（7—8分钟），或上锅蒸同样长的时间。制成苹果浓汤。如果是蒸熟，可以从蒸锅里舀些汤水来稀释果泥。

肉桂苹果

将1根肉桂棒放入苹果汁或清水里，再放入2个苹果。炖烂后，先取出肉桂棒，再将苹果和汤水制成浓汤。

梨

五份量

取2个梨，去皮，切半，去核，然后切成小块。加入少许清水，小火炖烂（约4分钟），或上锅蒸同样长的时间。制成浓汤。如果梨已熟透，可以不必加水。开始添加辅食的几周之后，可以将熟梨直接制成果泥。苹果和梨可以同时食用。

香蕉

一份量

香蕉泥是理想的婴儿食品。它不仅容易消化，

还很少诱发过敏反应。取 1 根熟透的香蕉，用叉子捣烂，越烂越好。要是宝宝无法吞咽，可以加入少量开水、母乳或配方奶。

如果宝宝腹泻或肠胃不适，可以给宝宝喂香蕉泥、煮过（或蒸过）的苹果浓汤和婴儿米粉，每日 1 次，连吃几日就能好转。

木瓜

四份量

木瓜很适合给小宝宝吃。木瓜甜味宜人，但又不会太甜。只需几秒钟就能把木瓜制成果泥。

取1个中等大小的木瓜，切半，挖出黑籽。用勺子挖出果肉，制成果泥，也可以加入少量母乳或配方奶。

奶油水果

三大份量

在果泥里拌入母乳、配方奶、婴儿米粉或面包糠，味道会更加诱人。几个月过后，当宝宝开始吃芒果、猕猴桃之类的水果时，像这样用母乳或配方奶来稀释果泥，味道就不会那么酸了。

按照上述方法将水果去皮，去核，上锅蒸烂或煮烂。每4份水果浓汤或果泥里拌入1大匙原味婴儿米粉（或半块低糖面包干）和2大匙母乳（或配方奶）。

三果浓汤

四份量

这种食谱将宝宝开始就可以吃的三种水果混合在了一起，味道还很不错。

将1中匙梨肉果泥和1中匙苹果浓汤（见26页）与半根香蕉制成的香蕉泥拌匀。也可以取半个熟梨（去皮，去核，切块）和半根香蕉，用搅拌机搅打成泥，然后加入1中匙苹果浓汤（苹果已煮熟或蒸熟）搅拌均匀。

胡萝卜或欧洲防风根

四份量

取2个中等大小的胡萝卜或防风根，去皮，斩掉头尾，切片。放入滚水里，盖上锅盖，炖25分钟，炖至软烂。也可以上锅蒸烂，蔬菜沥干，汤水留下备用。蔬菜里倒入足量汤水，搅拌均匀。

如果是给小宝宝吃，蒸煮的时间就要长一些。等宝宝可以咀嚼的时候，就可以少煮一会儿，这样既不破坏维生素C，蔬菜又不至煮得太烂。

红薯、甘蓝或欧洲防风根

四份量

取1大个红薯、1小棵甘蓝或2大个欧洲防风根。擦净后去皮，切成小丁。倒入滚水，盖上锅盖，

炖至软烂（15—20分钟）。也可以将蔬菜上锅蒸烂，沥干，汤水留下备用。用搅拌机将蔬菜搅打成泥，视情况可以加入少量汤水。

土豆

十份量

将400克土豆洗净，去皮，切块，倒入滚水，中火煮15分钟左右。拌入适量汤水或婴儿配方奶调匀。也可以将土豆上锅蒸熟。倒入适量汤水、母乳或配方奶，用搅拌机搅打成浓汤。

别用食品料理机来做土豆泥，因为食品料理机会破坏淀粉的分子结构，使土豆糊成一团。要用婴儿食品研磨机。

也可以将土豆或红薯放入烤箱内烘烤。烤箱预热至200℃，放入土豆或红薯烘烤1小时至1小时15分钟，烤至软烂。用勺子挖出果肉，加入少量配方奶和黄油，用婴儿食品研磨机研磨或用叉子等压烂，制成土豆泥或红薯泥。

奶油胡萝卜

两份量

蔬菜里拌入母乳（或配方奶）和婴儿米粉可以制成奶油浓汤。取1根大胡萝卜（约85克），做出来的胡萝卜浓汤大约是100毫升（参见28页）。具体做法是：将1大匙原味婴儿米粉与2大匙母乳或配方奶拌在一起。也可以将半块低糖面包干碾碎后拌入母乳或配方奶里，待面包干软化之后再将其倒入蔬菜浓汤里。

冬南瓜

六份量

冬南瓜最好是放在烤箱里烘烤，这会使天然糖分转化为焦糖。烤箱预热至200℃。将1个中等大小的冬南瓜切成两半，去籽。将2块冬南瓜切口向下放在垫了层油纸的烤盘上，放入烤箱内烘烤约45分钟，烤至软烂。从烤箱里取出，晾凉，用勺子挖出果肉，加入少量母乳、配方奶或凉开水，搅打或压制成泥。也可以将冬南瓜去皮，切块，上锅蒸20分钟左右，蒸至软烂。

水果和蔬菜

继续添加辅食食谱

小胡瓜

八份量

取 2 个中等大小的小胡瓜，洗净，去掉两头，切片（瓜皮很软，不需去皮）。蒸软（约 10 分钟）后用搅拌机搅打成泥或用叉子压制成泥（不需另外加水）。最好能拌入红薯、胡萝卜或婴儿米粉。

西兰花和花菜

四份量

西兰花和花菜各取 100 克。洗净，切成小朵，倒入 150 毫升滚水。盖上锅盖炖至软烂(约 10 分钟)。沥干,汤水留下备用。西兰花和花菜里加入少量汤水、母乳或配方奶，调匀。

也可以将西兰花或花菜上锅蒸 10 分钟，这样口味更佳，营养物质也能得到保留。西兰花和花菜里倒入汤水、母乳或配方奶调匀。也可以拌入奶酪汁或胡萝卜、红薯之类的根菜制成的蔬菜浓汤。

菜豆

菜豆的筋不多，最适宜给宝宝吃。红花菜豆应该放在婴儿食品研磨机里研磨成豆泥。具休做法是：豆子洗净，去掉头尾，撕去筋络。上锅蒸烂（约 12 分钟）后，研磨成豆泥。加入少量滚水、母乳或配方奶，调匀。豆子之类的绿色蔬菜可以与红薯或胡萝卜之类的根菜一起拌匀食用。

土豆小胡瓜西兰花浓汤

四份量

把土豆和绿色蔬菜拌在一起，宝宝会更爱吃。取 2 个中等大小的土豆（200 克），去皮，切块，放入蒸锅底部，加水煮 10 分钟，煮软后在蒸笼上放上 25 克西兰花（撕成小朵）和 50 克小胡瓜（切片），盖上锅盖，蒸 5 分钟，蒸至蔬菜变软。土豆沥干。把所有蔬菜倒入婴儿食品研磨机里，加入足量母乳或配方奶，研磨均匀。

西兰花三蔬

四份量

取 1 个中等大小的红薯（约 200 克），去皮，切块，放入蒸锅底部，加水煮 5 分钟。蒸笼上放上小朵西兰花和花菜各 50 克，盖上锅盖，蒸 5 分钟。待所有蔬菜软熟后，放入黄油和足量汤水，用搅拌机搅打均匀。

胡萝卜花菜浓汤

四份量

把各种蔬菜拌在一起吃非常有趣。当宝宝吃腻了胡萝卜和花菜后，这样吃还能换换口味。将 50 克胡萝卜去皮，切片，放入滚水中煮 20 分钟。煮软后静置 10 分钟，再放入 175 克小朵花菜。蔬菜沥干后，用搅拌机搅打成泥。拌入 2 大匙母乳或配方奶。

芒果

三份量

取 1 个熟透的芒果，去皮，去核，直接将果肉压制成泥。不必蒸煮。可与香蕉泥拌匀后食用。

桃

四份量

小锅内加水烧开。在 2 个桃子上分别浅浅切个十字，浸入滚水中，1 分钟后取出放入凉水里。去皮，切块，去核。既可以直接制成果泥，也可以先上锅蒸上几分钟。桃和香蕉可以一起食用。

甜瓜

六份量

甜瓜个头很小，表皮是淡绿色的，但果肉却是橙色的。甜瓜富含维生素 A 和维生素 C。只选择熟透的甜瓜。切半，去籽，挖出果肉，用搅拌机搅打成泥。

香瓜等其他品种的香甜瓜果也很适合给宝宝食用。宝宝长大一些后，可以把熟甜瓜切成小块给宝宝吃。

李子

四份量

取 2 个大李子，像桃子一样（见上文）去皮。用搅拌机搅打成泥——要是软熟且多汁的话，可以直接压制成果泥。也可以上锅蒸几分钟。你还可以拌入婴儿米粉、香蕉或酸奶。

杏干、桃干或西梅干

四份量

许多超市的货架上都有即食果干。杏干营养丰富，富含 β－胡萝卜素和铁。别买用二氧化硫熏过的杏干——这样的杏干虽然颜色鲜艳，但对某些宝宝来说容易诱发哮喘。

锅内放入 100 克果干，加入凉水，煮开后，炖至软烂（约 5 分钟）。沥干后去核，用婴儿食品研磨机磨去厚皮。加入少量煮果干的汤水，制成浓汤。你也可以拌入母乳、配方奶、香蕉、熟梨和婴儿米粉。

杏梨果泥

八份量

将 50 克即食杏干切碎，放入锅内。取 2 个熟梨（约 350 克），去皮，去核，切块，也放入锅内。盖上锅盖，用小火炖 3—4 分钟。用搅拌机搅打成泥。也可以取 4 个新鲜、熟透的甜杏，去皮，去核，切块后直接食用。

糖渍苹果葡萄干

八份量

把 3 大匙鲜橙的果肉放入锅内加热。取 2 个苹果，去皮，去核，切片，也放入锅内，再放入 15 克洗净的葡萄干。文火煮 5 分钟。如果有必要，可以加入少量清水。

杏干或葡萄干之类的果干应该先用婴儿食品研磨机将难消化的外皮磨去再给小宝宝食用。

豌豆

四份量

我喜欢用冻豌豆，因为冻豌豆和鲜豌豆的营养价值是一样的。锅内放入 100 克豌豆，加水煮开，盖上锅盖，炖 4 分钟。豌豆沥干，留下少量汤水备用。豌豆倒入婴儿食品研磨机内磨成豆泥，或过一遍筛。倒入少量汤水，调匀。可以与土豆、红薯、欧洲防风根或胡萝卜拌在一起食用。如果用的是鲜豌豆，需要先煮上 12—15 分钟。

甜红椒

二至三份量

取1个中等大小的红椒，洗净，去核，去籽。切成4块，放入预热好的烤架下烤至外皮微焦。取出放入1个塑料袋中，晾凉。去掉皱起的外皮，制成浓汤。可以与花菜、红薯或土豆一同食用。

牛油果

一份量

取1个熟透的牛油果，切半，挖出瓜籽。切下1/3至1/2，用叉子压制成泥，可以加入少量母乳或配方奶。要尽快食用，以免颜色变黑。可以与香蕉泥拌匀后食用。

牛油果不能冷冻。

玉米棒

两份量

去掉玉米棒的外皮和须根，洗净。放入锅内，倒入开水，中火煮10分钟。用1把锋利的小刀把玉米粒刮下，放入婴儿食品研磨机内研磨成泥。也可以取适量冻玉米粒，煮软后再压制成泥。

菠菜

两份量

取100克菠菜，彻底洗净，去掉硬梗。既可以上锅蒸，也可以喷上些水，再放入锅内煮熟。待叶子缩水（约3—4分钟）后，小心将多余的水分倒掉。可以与土豆、红薯或冬南瓜一起食用。

番茄

二至三份量

取2个中等大小的番茄，在滚水里煮30秒后取出。把番茄浸入凉水中，去皮，去籽，切大块。黄油放入锅里，加热使其融化，放入番茄，炒出沙来。最后用搅拌机将炒好的番茄搅打成浓汤。可以与土豆、花菜或小胡瓜一同食用。

桃香蕉果泥 ☺ ☹

熟桃制成的果泥非常可口。其中富含维生素 C，也很容易消化。香蕉可以和木瓜一同食用。

一份量

熟桃，1 个，去皮，切块

香蕉，1 小根，去皮，切片

纯苹果汁，半大匙

婴儿米粉（可不加）

把桃、香蕉和苹果汁倒入平底锅内，盖上锅盖，炖 2—3 分钟，再用搅拌机搅拌均匀。要是太稀的话，可以拌入少量婴儿米粉。

三果果泥 ☺ ☹

如果吃腻了香蕉泥或苹果浓汤，可以用这个换换口味。宝宝满 6 个月，就可以用苹果碎和香蕉泥来做这款果泥。

一份量

苹果，1/4 个，去皮，去核，切块

香蕉，1/4 根，去皮，切块

橙汁，1 小匙

苹果上锅蒸烂（约 7 分钟）后，与香蕉和橙汁一起搅打成浓汤或压制成果泥。尽快食用。

桃苹果梨果泥 ❋ ☺ ☹

如果桃不当季，也可以选用苹果和梨。要是果泥太稀，可以拌入少量婴儿米粉增稠。

八份量

苹果，2 个，去皮，去核，切块

香草豆荚，1 根

苹果汁或清水，2 大匙

熟桃，2 个，去皮，切块

熟梨，2 个，去皮，去核，切块

苹果块放入锅内。用 1 把小尖刀剖开香草豆荚，把豆子也倒入锅内，再放入豆荚和苹果汁或清水。盖上锅盖炖 5 分钟左右。放入桃和梨，继续炖 3—4 分钟。取出豆荚，剩下的制成果泥。

糖渍果干 ❋ ☺ ☹

果干浓缩了水果的精华。杏干和西梅干富含铁，杏干还富含 β－胡萝卜素。其中有种自然的甜味，很适合刚添加辅食的宝宝。我喜欢把它们和新鲜水果拌在一起。众所周知，西梅有通便的功效。要是宝宝便秘，可以同时食用西梅和苹果（或梨）。

六份量

杏干、桃干和西梅干，各 50 克

苹果，1 个，梨，1 个，均去皮，去核，切块

或苹果，1 个，杏，3 颗，均去皮，去核，切块

把果干、苹果和梨（或杏，可不加）放入锅内，倒入滚水，盖上锅盖。炖 8 分钟左右。沥干后，视情况加入少量汤水制成果泥。

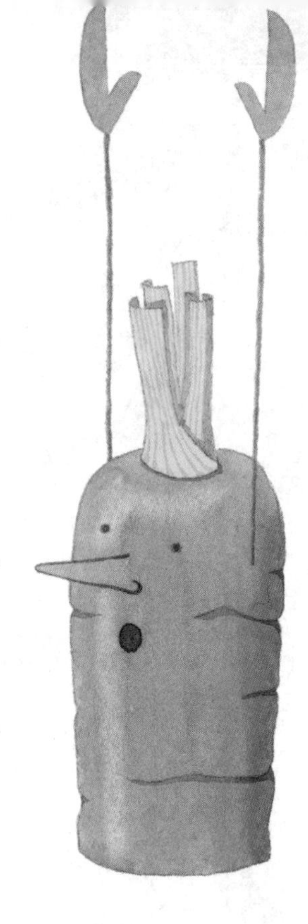

蔬菜高汤 ❄ ☺ ☹

多款素食里都用到了蔬菜高汤。蔬菜高汤可以冷藏1周。为避免摄入添加剂和盐，可以自己动手来做。

约九百毫升量

大个儿洋葱，1个，去皮

胡萝卜，125克，去皮

芹菜梗，1根

各种根菜（红薯、甘蓝、防风根），175克，去皮

韭葱，半根

黄油，25克

香料，1小撮

带叶欧芹，1枝

月桂叶，1片

黑胡椒，6粒

清水，900毫升

所有蔬菜切碎。黄油放入锅内加热融化，放入洋葱，煸炒5分钟。放入余下的配料，加水煮开后，炖1小时左右。滤出蔬菜汁。

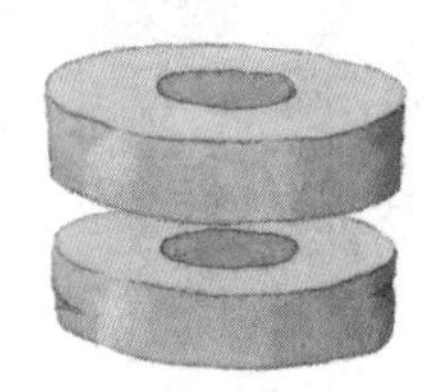

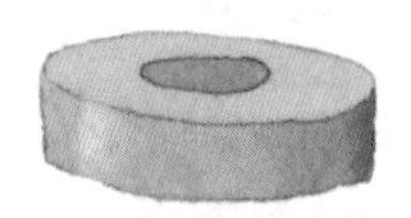

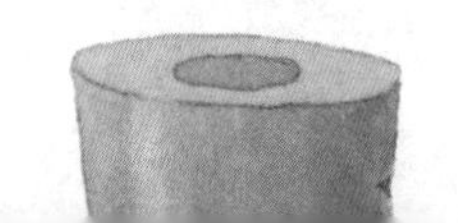

胡萝卜豌豆浓汤 ❄ ☺ ☹

胡萝卜和豌豆都有种宝宝喜爱的自然甜味。

两份量

胡萝卜，200 克，去皮，切片

冻豌豆，40 克

把切好的胡萝卜放入锅内，倒入滚水，盖上锅盖，煮 15 分钟。放入豌豆，继续煮 5 分钟。加入足量的汤水调匀。

三蔬 ❄ ☺ ☹

宝宝接受了西兰花之类的绿色蔬菜之后，可以试着在其中拌入红薯之类的甜味根菜。如果有多层蒸锅，可以用它来蒸煮蔬菜。

四份量

红薯，200 克，去皮，切块

葵花籽油，1 小匙

洋葱，30 克，去皮，切块

西兰花，50 克，切成小朵

冻豌豆，30 克

蔬菜高汤（见上页）或清水，120 毫升

红薯上锅蒸 6 分钟。同时将洋葱倒入油锅，煸炒 5 分钟，炒至变软。西兰花放入蒸笼里蒸 4 分钟。接着放入豌豆，继续蒸 2—3 分钟。将炒好的洋葱拌入红薯、西兰花和豌豆里，倒入蔬菜高汤或蒸锅里的汤水，制成浓汤。视情况可以多加点儿，调得稀一些。

甜蔬杂烩 ❄ ☺ ☹

甘蓝、胡萝卜和欧洲防风根之类的根菜可以制成美味营养的浓汤，很适合给小宝宝喝。汤里还可以放入冬南瓜和南瓜。

五份量

胡萝卜，100 克，去皮，切块

甘蓝，100 克，去皮，切块

土豆、冬南瓜或南瓜，100 克，去皮，切块

欧洲防风根，50 克，去皮，切块

清水、母乳、配方奶或牛奶（宝宝满 6 个月后牛奶可用作食材），300 毫升

蔬菜放入锅中，倒入清水、母乳、配方奶或牛奶。煮开后盖上锅盖，炖 25—30 分钟，炖至软烂。用漏勺舀出蔬菜，加入足量汤水，用搅拌机搅打成浓汤。

水田芥土豆小胡瓜浓汤 ❄ ☺ ☹

水田芥富含钙和铁。可与其他蔬菜一起制成美味、鲜绿的浓汤。可以视口味倒入少量母乳或配方奶。

六份量

大个儿土豆，1 个（约 300 克），去皮，切块

蔬菜高汤，300 毫升（见 38 页）

中等大小的小胡瓜，1 个（约 100 克），去皮，切片

水田芥，1 小把

母乳或配方奶，少量（可不加）

土豆放入锅内，倒入蔬菜高汤，煮 5 分钟。放入切好的小胡瓜，继续煮 5 分钟。再放入摘好的水田芥，煮 2—3 分钟。将蔬菜全部倒入婴儿食品研磨机里制成浓汤，也可以倒入少量母乳或配方奶加以稀释。

牛油果香蕉（或木瓜）果泥 ❄ ☺ ☹

这款果泥简单易做。这几种水果很适合拌在一起食用。宝宝得吃营养丰富的食物，才能满足其快速生长所需。牛油果是极好的水果，因为其营养价值高于其他水果。

一份量

小个儿牛油果，半个

小个儿香蕉，半根（或木瓜，1/4 个）

从牛油果里挖出果肉，与香蕉或木瓜一同压烂。尽快食用，否则牛油果会变色。

红薯冬南瓜浓汤 ☼ ☺ ☹

红薯和冬南瓜烘烤之后，其中的天然糖分会转变成焦糖，从而增强本身的甜味。可以视口味加入少量肉桂粉。

五份量

冬南瓜，小个儿 1 个（或大个儿半个），去皮，去籽，切成 2.5 厘米见方的小块

红薯，1 个，去皮，切成 2.5 厘米见方的小块

黄油，1 块

清水，2 大匙

母乳或配方奶，少量

烤箱预热至 200℃。烤盘上垫上一大张锡纸，上面铺上冬南瓜和红薯。在蔬菜表面刷上融化后的黄油，喷上些水。再覆上一层锡纸，把四边压紧，做成包裹一样。烘烤 30 分钟。微微放凉后，用搅拌机（汁水不要倒掉）搅打成浓汤。视情况还可以加入少量母乳或配方奶稀释。

还可以用冬南瓜和梨来做这道浓汤。取 1 个中等大小的冬南瓜，去皮，切块，上锅蒸 15 分钟。再取 1 个熟梨，去皮，去核，切块，上锅蒸 5 分钟，蒸至软熟。最后用搅拌机搅打成浓汤。

烤红薯 ☼ ☺ ☹

红薯烘烤之后，其中的天然糖分会转变成焦糖，甜味更足。

四份量

大个儿红薯，1 个（或中等大小的红薯，2 个）

烤箱预热至 200℃。用叉子在红薯上扎几下。视大小烤 1 个小时左右。烤好后取出，放凉。此时皮应该很容易就能撕下。将红薯切块，加入少量母乳、配方奶或凉开水（1 次加入 1 小勺），制成浓汤。还可以拌入苹果浓汤或加入少量肉桂粉。

韭葱红薯豌豆浓汤 ❄ ☺ ☹

红薯是最佳婴儿食品。它营养丰富，味道甘甜，筋络不多。最好选用黄瓤的红薯，因为其中富含β－胡萝卜素。也可以用冷冻蔬菜。新鲜蔬菜采摘下的几小时内就立即冷冻，所以冷冻蔬菜的营养价值和新鲜蔬菜相差无几。冷冻蔬菜做成浓汤以后，还可以再次放入冰箱冷冻。

五份量

韭葱，50 克，洗净，切段

红薯，400 克，去皮，切块

蔬菜高汤，300 毫升

冻豌豆，50 克

韭葱和红薯块放入锅内，倒入蔬菜高汤，煮开。盖上锅盖，炖 15 分钟。再放入豌豆，继续炖 5 分钟。最后将蔬菜用搅拌机搅打成浓汤。

初次添加辅食食谱

第一周	清晨餐	早餐	午餐	下午餐	睡前餐
第一第二天	母乳 / 配方奶	母乳 / 配方奶	母乳 / 配方奶 婴儿米粉	母乳 / 配方奶	母乳 / 配方奶
第三第四天	母乳 / 配方奶	母乳 / 配方奶	母乳 / 配方奶 胡萝卜或红薯之类的根菜	母乳 / 配方奶	母乳 / 配方奶
第五天	母乳 / 配方奶	母乳 / 配方奶	母乳 / 配方奶 婴儿米粉拌梨肉果泥	母乳 / 配方奶	母乳 / 配方奶
第六天	母乳 / 配方奶	母乳 / 配方奶	母乳 / 配方奶 苹果	母乳 / 配方奶	母乳 / 配方奶
第七天	母乳 / 配方奶	母乳 / 配方奶	母乳 / 配方奶 冬南瓜或红薯之类的蔬菜	母乳 / 配方奶	母乳 / 配方奶
第二周					
第一第二天	母乳 / 配方奶	母乳 / 配方奶	母乳 / 配方奶 土豆、欧洲防风根 或胡萝卜之类的根菜	母乳 / 配方奶	母乳 / 配方奶
第三第四天	婴儿米粉拌苹果浓汤或梨肉果泥	母乳 / 配方奶	母乳 / 配方奶 **甜蔬杂烩**	母乳 / 配方奶	母乳 / 配方奶
第五第六天	母乳 / 配方奶 苹果浓汤 或梨肉果泥	母乳 / 配方奶	母乳 / 配方奶 红薯、冬南瓜或甘蓝	母乳 / 配方奶	母乳 / 配方奶
第七天	母乳 / 配方奶 桃肉果泥和整根香蕉（或香蕉泥）	母乳 / 配方奶	母乳 / 配方奶 胡萝卜或胡萝卜和欧洲防风根	母乳 / 配方奶	母乳 / 配方奶

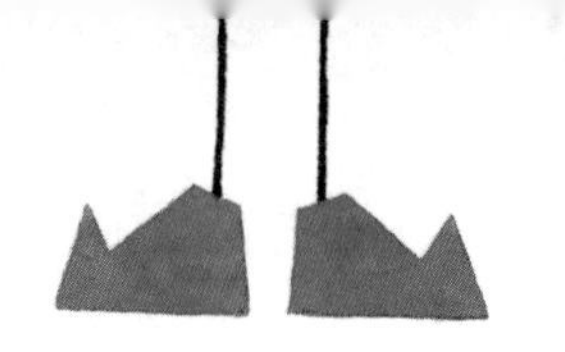

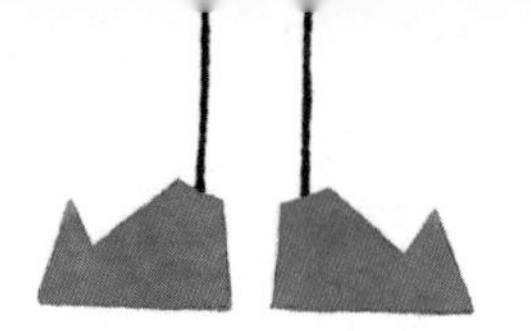

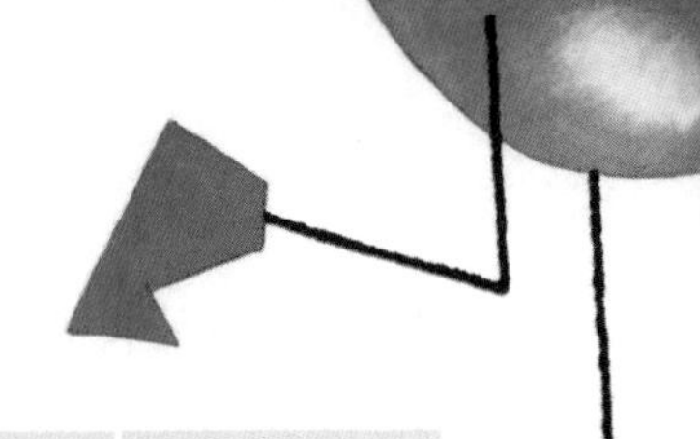

第三周	清晨餐	早餐	午餐	下午餐	睡前餐
第一天	母乳 / 配方奶	母乳 / 配方奶 香蕉	稀释果汁或水 甜蔬杂烩	母乳 / 配方奶	母乳 / 配方奶
第二天	母乳 / 配方奶	母乳 / 配方奶 苹果	稀释果汁或水 **甜蔬杂烩**	母乳 / 配方奶	母乳 / 配方奶
第三天	母乳 / 配方奶	母乳 / 配方奶 桃苹果梨果泥	稀释果汁或水 西兰花三蔬	母乳 / 配方奶	母乳 / 配方奶
第四天	母乳 / 配方奶	母乳 / 配方奶 **奶油水果**	稀释果汁或水 **红薯冬南瓜浓汤**	母乳 / 配方奶	母乳 / 配方奶
第五天	母乳 / 配方奶	母乳 / 配方奶 奶油水果	稀释果汁或水 红薯冬南瓜浓汤	母乳 / 配方奶	母乳 / 配方奶
第六天	母乳 / 配方奶	母乳 / 配方奶 香蕉或木瓜	稀释果汁或水 **土豆小胡瓜西兰花浓汤**	母乳 / 配方奶	母乳 / 配方奶
第七天	母乳 / 配方奶	母乳 / 配方奶 梨或婴儿米粉	稀释果汁或水 胡萝卜豌豆浓汤	母乳 / 配方奶	母乳 / 配方奶

这几张图表仅供参考，可以视宝宝的体重等具体情况加以调整。有的宝宝可能一天只想吃一顿辅食，有的可能想在下午餐时候才吃第二顿。用粗体表示的是本书里提到的食谱。

果汁应该按照三份水一份纯果汁的比例稀释，或者直接给宝宝喝凉开水。

继续添加辅食食谱

	清晨餐	早餐	午餐	下午餐	睡前餐
第一天	母乳 / 配方奶	母乳 / 配方奶 **三果浓汤**	**韭葱红薯豌豆浓汤** 母乳 / 配方奶	**胡萝卜花菜浓汤** 水或果汁 *	母乳 / 配方奶
第二天	母乳 / 配方奶	母乳 / 配方奶 **三果浓汤**	**西兰花三蔬** 母乳 / 配方奶	**甜蔬杂烩** 水或稀释果汁	母乳 / 配方奶
第三天	母乳 / 配方奶	母乳 / 配方奶 梨和婴儿麦片	**西兰花三蔬** 母乳 / 配方奶	红薯 水或果汁 *	母乳 / 配方奶
第四天	母乳 / 配方奶	母乳 / 配方奶 **肉桂苹果**	**三蔬** 母乳 / 配方奶	红薯 水或稀释果汁	母乳 / 配方奶
第五天	母乳 / 配方奶	母乳 / 配方奶 芒果和婴儿麦片	**牛油果香蕉果泥** 母乳 / 配方奶	**胡萝卜豌豆浓汤** 水或果汁 *	母乳 / 配方奶
第六天	母乳 / 配方奶	母乳 / 配方奶 香蕉	**水田芥土豆小胡瓜浓汤** 母乳 / 配方奶	**西兰花三蔬** 水或稀释后的果汁	母乳 / 配方奶
第七天	母乳 / 配方奶	母乳 / 配方奶 **苹果和香蕉橙汁**	**水田芥土豆小胡瓜浓汤** 母乳 / 配方奶	**西兰花三蔬** 水或果汁 *	母乳 / 配方奶

这几张图表仅供参考，可以视宝宝的体重等具体情况加以调整。有的宝宝在午餐或下午餐时候可以吃些水果。果汁应该按照三份水一份纯果汁的比例稀释，或者直接给宝宝喝凉开水。

	清晨餐	早餐	午餐	午间餐	下午餐	睡前餐
第一天	母乳 / 配方奶 婴儿麦片 香蕉泥	母乳 / 配方奶	**韭葱红薯豌豆浓汤** 水或果汁 *	母乳 / 配方奶	胡萝卜、芒果或桃、 面包糠 水或果汁 *	母乳 / 配方奶
第二天	母乳 / 配方奶 婴儿麦片 **糖渍苹果葡萄干**	母乳 / 配方奶	牛油果和香蕉 水或果汁 *	母乳 / 配方奶	**胡萝卜豌豆浓汤** 甜瓜 水或果汁 *	母乳 / 配方奶
第三天	母乳 / 配方奶 婴儿麦片 芒果和香蕉	母乳 / 配方奶	**烤红薯** 水或果汁 *	母乳 / 配方奶	**土豆小胡瓜西兰花浓汤** 酸奶 水或果汁 *	母乳 / 配方奶
第四天	母乳 / 配方奶 婴儿麦片 熟奶酪	母乳 / 配方奶	**西兰花三蔬** 水或果汁 *	母乳 / 配方奶	**甜蔬杂烩** 芒果或木瓜 水或果汁 *	母乳 / 配方奶
第五天	母乳 / 配方奶 婴儿麦片 **桃苹果梨果泥**	母乳 / 配方奶	**西兰花三蔬** 水或果汁 *	母乳 / 配方奶	**甜蔬杂烩** 手指吐司 酸奶 水或果汁 *	母乳 / 配方奶
第六天	母乳 / 配方奶 宝宝麦片 **桃苹果梨果泥**	母乳 / 配方奶	**水田芥土豆** **小胡瓜浓汤** 水或果汁 *	母乳 / 配方奶	**韭葱红薯豌豆浓汤** 香蕉 水或果汁 *	母乳 / 配方奶
第七天	母乳 / 配方奶 婴儿麦片 **杏梨果泥**	母乳 / 配方奶	**胡萝卜豌豆浓汤** 水或果汁 *	母乳 / 配方奶	**水田芥土豆小胡瓜浓汤** **桃香蕉果泥** 水或果汁 *	母乳 / 配方奶

第三章

断奶后期

7 到 9 个月之间，宝宝长得飞快。给 7 个月大的宝宝喂食时，仍需要用手托着，而且这个时候的宝宝多半还没有长牙。而 9 个月大的宝宝却已经能坐在高椅上接受喂食了，而且大多已长出了几颗小牙。8 个月大的宝宝大都能抓着食物，喜欢吃意面、生熟蔬菜或新鲜水果之类小份的手指食品（参见 95、97 页有关手指食品的介绍）。

宝宝七八个月的时候，可以开始逐渐减少母乳或配方奶的摄入，这样宝宝会更加想吃辅食。6 个月到 1 周岁之间的宝宝，每日应该食用 500—600 毫升的母乳或配方奶。此外，还可以给宝宝喂一些乳制品、水或稀释后的果汁。吃饭的时候，要是宝宝渴的话，还可以让宝宝喝些低糖的花草茶。

宝宝的奶瓶里最好只倒入配方奶、母乳或水。给宝宝喝含糖饮料，会使他生蛀牙，宝宝比儿童或成人更容易生蛀牙。宝宝 6 个月大时，应该为他准备 1 个软嘴有盖的杯子，杯子的把手能让他很容易握住。市面上有种训练杯，可以引导宝宝一步步从软嘴过渡到无盖杯。

宝宝想吃多少就给他吃多少，千万别强迫他吃不爱吃的东西。如果现在不爱吃，近阶段就别给他喂，过上几周后再喂。第二次宝宝很可能就会爱吃了。

这一阶段的宝宝都是胖乎乎的。一旦能爬能走，宝宝很快就会瘦下来。

要是宝宝不爱喝奶或每日喝的奶不足600毫升，就在花菜奶酪（67页）里拌入母乳或配方奶。1小罐酸奶或火柴盒大小的1块奶酪的营养价值相当于60毫升牛奶。

大人可以吃低脂餐，但不宜给需要能量长身体的宝宝吃。宝宝 2 周岁前要喝全脂奶，别让其食用低脂的乳制品。

宝宝可以吃鸡蛋、奶酪、豆类、鸡肉和鱼肉之类富含蛋白质的食品。少给宝宝吃不易消化的食物，比如菠菜、小扁豆、奶酪、浆果或柑橘。要是有些食物宝宝不易消化，比如豆类、豌豆和葡萄干等，也别担心。2 周岁前，宝宝还不能完全消化蔬菜的外皮和果皮。将水果和蔬菜去皮，压成泥状，搅打成浓汤就能够促进消化了。面包、面粉、意面和米粉之类的食物，尽量选择全麦的，而不是精加工的，因为全麦的更有营养。

宝宝满 6 个月、能吃面包之类含面筋的食品时，就没必要再给宝宝吃特制的婴儿麦片了。可以给他喂速食粥和维他麦，营养价值和婴儿麦片一样，价格却更便宜。要选择未经过精加工，低糖、低盐的麦片。许多人继续给宝宝喂市面上的婴儿食品，因为他们认为，包装上长长的维生素和矿物质成分表能说明这种食品更有营养。但事实上，食用新鲜食物、平衡膳食的宝宝就能获得足量的维生素和矿物质。婴儿食品一般都是经过精加工的，缺乏纤维并且寡淡的味道会阻碍宝宝的味觉发育。

同时要当心市面上能买到的某些号称“最佳婴儿食品”的面包干。这类面包干里许多含有大量糖分（有些面包干的含糖量甚至高于甜甜圈）。可以给宝宝嚼些吐司或面包干，简单的制作方法可以参考 9—12 个月手指食品食谱（见 97 页）。

宝宝初生前 6 个月不需要补铁。6 个月之后，宝宝需要从食物中获取所需的铁元素。要是宝宝每日食用的母乳或配方奶不足 500 毫升，每日摄入的铁可能就会低于标准水平，从而影响神经系统和身体的发育。宝宝周岁以前，普通牛奶不宜作为宝宝的主要饮品，因为其中铁或其他营养物质的含量不足以满足生长所需。但全脂牛奶可以用作汤料或用来泡麦片。

很难说一份量究竟是多少，因为宝宝的食量差异很大。即便2个宝宝的年龄和体重相当，两人为满足发育所需，进食量也大不相同。宝宝的代谢速度不同，活动量有大有少，父母烹制的食物所含热量也有所不同。同一个宝宝每周的食量也不尽相同，这再正常不过了。7个月大的宝宝每日最好能吃三餐辅食。最好能定期把宝宝带去健康顾问那里量一量身高。如果宝宝按照一定速率长高，既没有飞速长高，也没有生长迟缓，就说明宝宝食量正常——如果宝宝的成长放缓，会导致生长不正常，长不到本该有的高度。

水果

这个阶段的宝宝应该能吃各种水果，新鲜水果和果干都能作为零食食用。不同的水果含有不同的维生素，所以要尽可能吃各种水果。果干同样可以补充营养和能量。给宝宝吃水果之前，要把果核去掉，别给小宝宝吃整颗的葡萄，以防噎住。

维生素 C 能促进铁的吸收，要给宝宝喂些柑橘或浆果之类富含维生素 C 的水果。早上可以用稀释后的橙汁泡麦片。橙汁还可以和胡萝卜、鱼肉和肝脏之类的开胃食物一起食用。开始的时候，可以喂些小份的浆果和柑橘，小份的容易消化，但有些宝宝可能会产生过敏反应。接下来可以将浆果洗干净与苹果、香蕉、梨或桃之类的水果一同食用。有的宝宝可能会对猕猴桃产生过敏反应。这虽然很少见，但要严密观察，尤其是有家族过敏史和当宝宝患有湿疹或哮喘时。

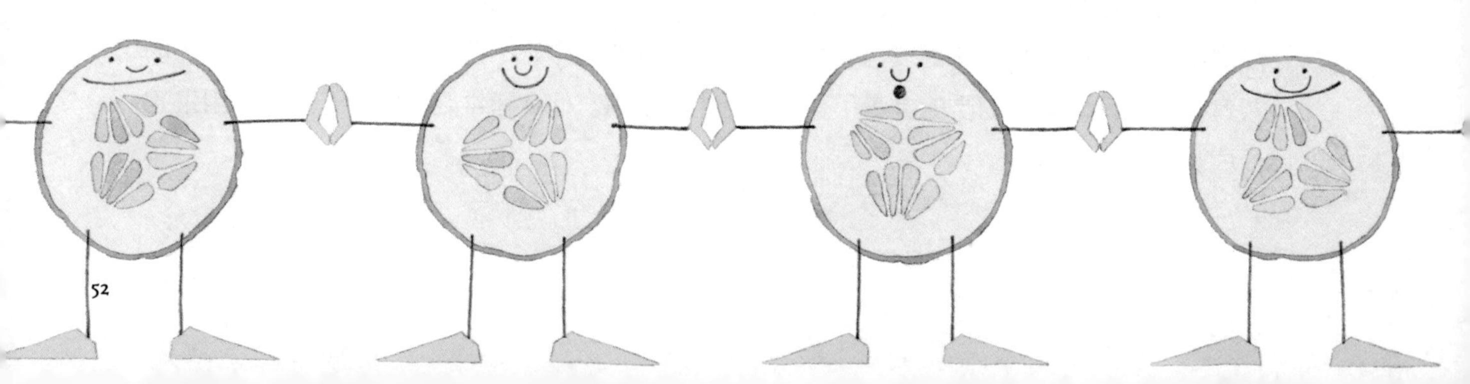

蔬菜

这一阶段的宝宝已经能吃各种蔬菜了，但要是味道——比如菠菜或西兰花——过于强烈，可以试着用奶酪拌一下，或与红薯、胡萝卜以及土豆之类的根菜一同食用。蔬菜搭配水果一起食用也不错——试试用冬南瓜配苹果，菠菜配梨。蒸菜，如蒸胡萝卜条或蒸小朵花菜，是最佳的手指食品。

蔬菜采摘下的几个小时之内即被冷冻，所有营养均被锁住，完全可以用冷冻蔬菜来烹制浓汤。冷冻食品，如蔬菜浓汤，不可以先解冻再冷冻，冷冻蔬菜却没有关系。可以用冷冻蔬菜来烹制浓汤，然后冷冻。

鸡蛋

鸡蛋富含蛋白质、铁和锌。宝宝满 6 个月之后就可以食用鸡蛋了，但不要给 1 周岁以下的宝宝吃生鸡蛋或半生不熟的鸡蛋，以防感染沙门氏菌。蛋黄和蛋白都要煮到凝固状态。煮鸡蛋、烙蛋皮和炒鸡蛋既不费工夫，又很有营养。

素食

婴幼儿可以吃素食，但要做到膳食平衡且其中不含太多纤维。大人可以大量食用高纤维的素食，儿童却不可以，因为素食里的能量和脂肪含量不高，会阻碍铁的吸收。需要特别注意摄入的营养物质有：蛋白质、铁、锌和维生

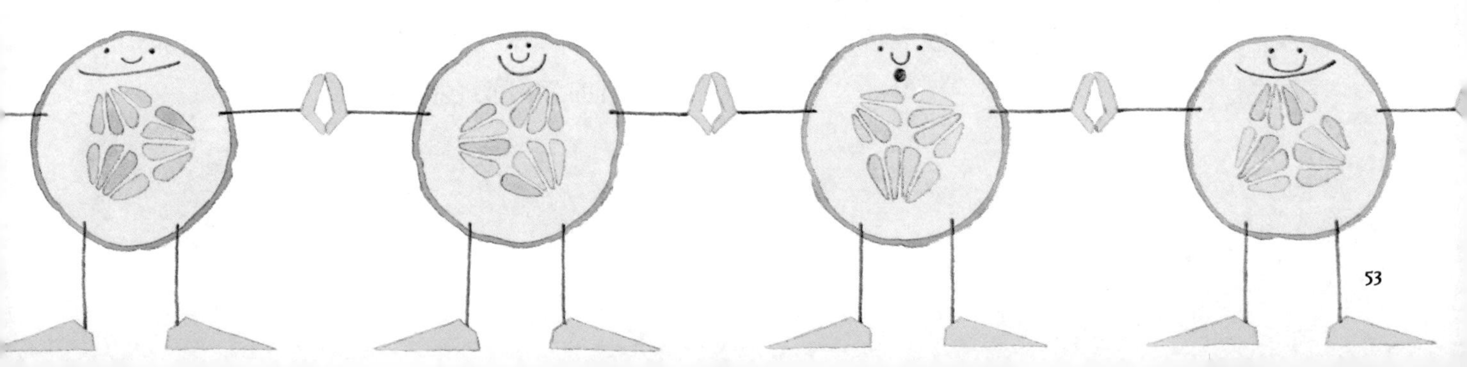

素B——通常肉类里含量较高。如果宝宝吃素食，应该注意食用下列食品：

乳制品、鸡蛋、豆子、小扁豆、添加了微量元素的早餐麦片、豆荚、大豆（如豆腐）、绿色蔬菜（如菠菜和西兰花）、果干。

鱼

许多宝宝长大以后不爱吃鱼，因为鱼肉的味道平淡无奇。我试着用重口味的食物和鱼搭配，比如用胡萝卜、番茄和切达奶酪碎分别来搭配鱼肉，或用奶酪碎、橙汁和压碎的玉米片一起来配鳕鱼排（这道菜是我自创的，相信我，味道好极了）。要是宝宝因为晚餐里有鱼而满怀欣喜，那么你完全有理由为自己骄傲。

鱼肉烤得时间长了，肉质会变老且失掉鲜味。如果用叉子很容易分开，但鱼肉还很紧实，就说明烤好了。把鱼刺剔干净后再给宝宝吃。

很难在市面上看到鱼类的浓汤罐头，但鲑鱼、鳟鱼、新鲜金枪鱼和沙丁鱼之类富含油脂的鱼类对于宝宝的大脑、神经系统和视力发育尤为重要，每周应该食用2次。脂肪是大脑的重要组成部分——因此，母乳里50%的能量都是由脂肪构成的。

肉类

可以最先给宝宝吃鸡肉。鸡肉可与胡萝卜、红薯之类的根菜拌在一起食用，这样制成的鸡肉浓汤汤汁更加细滑。鸡肉也可以搭配苹果和葡萄之类的水果。自制的鸡高汤是许多食谱的底料，我建议可以每次多做一些。鸡高汤可以放在冰箱里保鲜三四天。但不要将冷冻过的鸡高汤做成浓汤后再次冷冻。可以购买不加盐、一热即可的鸡高汤。

除了鸡胸肉，还可以用鸡腿肉——深色鸡肉中铁和锌的含量是浅色肉中的2倍。

婴幼儿的缺铁性贫血是最常见的营养问题，通常表现出来的症状很不明显：宝宝可能只是容易疲劳，脸色苍白，容易被感染，或者生长发育迟缓。红肉（尤其是肝脏）里富含铁，给宝宝食用再好不过。肝脏质地较软，易消化。宝宝常常拒绝吃红肉，不是因为味道，而是因为不易咀嚼。可以和根菜或意面一起食用，如此肉质便不会太柴，易于吞咽。

铁对宝宝的大脑发育非常重要，尤其是在6个月至2周岁之间。宝宝由母亲那里获得的铁在6个月左右会消耗殆尽。周岁之前，宝宝的大脑会增至原来的3倍大，缺铁会导致今后的学习能力受到重大影响。在英国，10—12个月的宝宝中，1/5的宝宝铁的摄入量低于标准水平。

意面

意面一般是婴幼儿最爱吃的，它可以补充碳水化合物。宝宝8个月大时，往浓汤里加入小块的意面能帮助他学会咀嚼。许多蔬菜浓汤里都可以拌入意面，还可以往里加入少量奶酪碎。要购买小块的意面，如星星状的或贝壳状的（见135页）。还可以试试粗麦粉，粗麦粉入口绵软，很适合宝宝。烹制起来既不费时，还可以和鸡丁或蔬菜丁拌着吃。

块状食物

块状食物是个大问题。只吃罐头的宝宝常常很难从细滑的食物过渡到块状食物，如整颗豌豆。

这一过渡对于宝宝来说是个大转折。要尽早给宝宝吃小块食物，宝宝越大，就越不容易接受块状食物，将来也很难和家人一起吃饭，长大一些后会有许多饮食问题，会极度挑食。自己烹饪的一大好处（还有众多其他好处）是，你可以逐步给宝宝喂块状食物。

给宝宝喂块状食物的另一大好处是，可以帮助宝宝提早学会说话，因为用于咀嚼的肌肉同时也用于说话。宝宝即便牙齿还不多，也可以通过牙床研磨食物。

首先把浓汤调稠，再加入小块意面、米粉或粗麦粉之类的块状食物。还可以将一份婴儿食品研碎后放入浓汤里，逐步增加研碎食品相对浓汤的比重。试试将某些蔬菜切细，这样浓汤里也有了小块食物，但短期内一定要把食物煮烂，以便宝宝想要咀嚼的时候也能用牙床研磨。还可以给宝宝吃炒熟的鸡蛋。这个阶段的宝宝也可以吃手指食品，许多宝宝是通过吃手指食品而不是浓汤才适应块状食物的，这很正常。烘烤类的手指食品、略微蒸过的条状蔬菜、香蕉、小块的奶酪（后来是奶酪条）、苹果碎、米粉蛋糕等，都是很好的手指食品。

有机婴儿罐头相比新鲜食物的一大差距在于，其中维生素和矿物质的含量较少。研究显示，只吃有机婴儿食品的宝宝患缺铁性贫血的概率更高，因为有机婴儿食品中被禁止添加铁等微量元素。只吃有机婴儿食品的宝宝所摄入的铁比吃新鲜食物的宝宝少 20%。

如何喂养早产儿

37周之前出生的宝宝被视为早产，早产儿对铁和锌等营养物质的需求量更高，因为这些物质只在孕期的最后几周才能在宝宝体内积存。早产儿需要奋起直追，所以一定要给宝宝喂奶酪、牛油果和土豆之类营养价值高的食物。

水果

香蕉餐 ☺☹

宝宝喜欢吃香蕉，香蕉按下面的食谱做会非常好吃。香蕉也可以与香草冰激凌拌在一起，味道好极了。尽量挑选外皮上有棕色斑点的香蕉，这表示香蕉真的熟了。

一份量

黄油，1块

香蕉，1小根，去皮，切片

肉桂粉，1撮

鲜榨橙汁，2大匙

取一口小煎锅，加热使黄油融化，拌入香蕉片，撒上肉桂粉，煸炒2分钟。倒入橙汁，继续加热2分钟。用叉子压成泥状。

香蕉蓝莓 ☺☹

香蕉与多种水果都是黄金搭档。还可以试试桃、芒果、杏干或西梅干。可以在香蕉或多种水果里拌入全脂原味酸奶。尽快食用，以防香蕉变色。

一份量

蓝莓，25克

水，1大匙

熟香蕉，1小根，去皮，切片

蓝莓倒入锅内，加水，煮2分钟，煮至蓝莓裂开。放入香蕉片，用手持搅拌机搅拌均匀。

桃苹果草莓浓汤 ❄☺☹

也可以用25克蓝莓来替代桃，这样做出来的就是苹果草莓蓝莓浓汤了。

两份量

大个儿苹果，1个，去皮，去核，切块

大个儿熟桃，1个，去皮，去核，切块

草莓，75克，切半

婴儿米粉，1大匙

苹果上锅蒸4分钟左右。放入桃和草莓，继续蒸3分钟。搅打成浓汤，拌入婴儿米粉。

苹果杏干豆腐 ☺☹

豆腐是豆浆制成的豆制品。如果想给宝宝吃素食，就该让宝宝多吃豆腐，因为其中含有

丰富的蛋白质。豆腐里还含有丰富的钙质，如果宝宝对牛奶过敏，在水果或蔬菜浓汤里放入豆腐，能促进钙的吸收。

两份量

苹果，2个，去皮，去核，切块

杏干，6颗，切块

嫩豆腐，75克

苹果和杏干放入平底锅内，加水煮开，转小火，盖上锅盖，炖5分钟左右。放入豆腐，用手持搅拌机搅打成浓汤。

杏干苹果桃浓汤 ❄ ☺ ☹

杏干的营养价值很高，富含铁、钾和β－胡萝卜素。宝宝一般都会喜欢杏干的甜味。

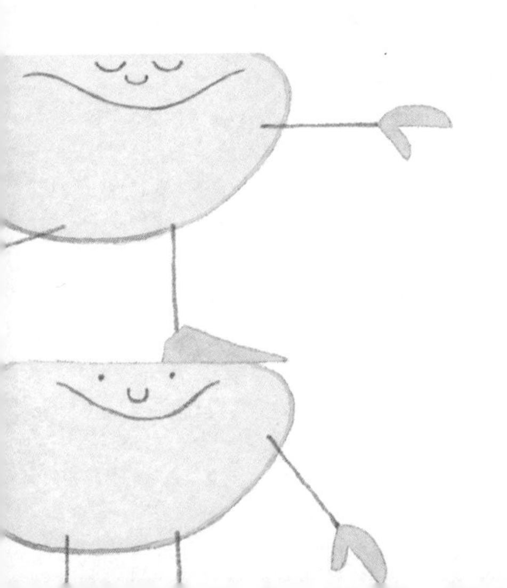

五份量

即食杏干，75克

苹果，2个，去皮，去核，切块

熟桃，1个，去皮，去核，切块

或熟梨，1个，去皮，去核，切块

杏干放入小锅内，加水，小火炖5分钟。放入苹果块，继续炖5分钟。与桃或梨一起搅打成浓汤。

水果酸奶 ☺ ☹

宝宝除了需要食用水果和蔬菜，还需要足够的脂肪，这非常重要。在蔬菜里拌入奶酪酱，或在水果里拌入酸奶，对宝宝都很有好处。

一份量

新鲜水果，比如1个熟桃、1个小芒果或半个芒果、半根香蕉

全脂原味酸奶，2大匙

枫蜜，少量（可不加）

水果去皮，去核，将果肉压成果泥，拌入酸奶。还可以视情况拌入少量枫蜜，以增加甜味。

蔬菜

美味小扁豆 ❄ ☺ ☹

小扁豆价格不高，蛋白质的含量却很高，还可以为宝宝补铁。铁对大脑发育非常重要，尤其是对6个月至2周岁之间的宝宝来说。小宝宝食用小扁豆可能很难消化，所以应该与大量的新鲜蔬菜一同食用，做法可以参考下面这个食谱。只要加入少量高汤和调料，这道美味浓汤全家人都可以享用。

八份量

小个儿洋葱，半个，切细

胡萝卜，100克，切块

芹菜梗，15克，切段

植物油，1大匙

小红扁豆，50克

红薯，200克，去皮，切块

蔬菜高汤、鸡高汤（见38页或76页）或清水，400毫升

洋葱、胡萝卜和芹菜梗放入油锅里煸炒5分钟。炒软后放入小扁豆和红薯，倒入蔬菜高汤、鸡高汤或清水。煮开后盖上锅盖，转小火炖20分钟。用搅拌机搅打成浓汤。

番茄胡萝卜罗勒浓汤 ❋ ☺ ☹

尽早多换换口味，宝宝将来就不会那么挑食。

四份量

胡萝卜，125 克，去皮，切片

花菜，100 克，切成小朵

黄油，25 克

熟番茄，200 克，去皮，去籽，切大块

鲜罗勒叶，2—3 片

切达奶酪碎，50 克

胡萝卜倒入小锅内，加滚水，盖上锅盖，炖 10 分钟。放入花菜，盖上锅盖，继续炖 7—8 分钟，视情况可加入少量清水。同时，另取一口锅，加热使黄油融化，倒入番茄，炒至出沙。拌入罗勒叶和奶酪碎。待奶酪融化后，与 3 大匙汤水一起倒入胡萝卜和花菜里，制成浓汤。

橙汁烤红薯 ❋ ☺ ☹

红薯既可以用烤箱也可以用微波炉烘烤，烤出来的红薯味道极好，可以直接带皮烤。烤好后可拌入水果浓汤（比如苹果浓汤或蜜桃浓汤）里食用。红薯富含碳水化合物、维生素和矿物质。

八份量

中等大小的红薯，1 个，表面擦净

鲜榨橙汁，2 大匙

母乳或配方奶，2 大匙

烤箱预热至 200℃，红薯放在烤盘纸上烘烤 1 小时左右。烤软后微微放凉，挖出红薯泥。拌入橙汁和母乳（或配方奶），搅打成浓汤。

红薯菠菜豌豆浓汤 ❄ ☺ ☹

第一次让宝宝吃菠菜，可以试试这款浓汤，味道很棒哦。

四份量

葵花籽油，2 小匙

黄油，1 块

韭葱，50 克，切细

大蒜，1 小瓣，压成蒜泥

红薯，150 克，去皮，切块

土豆，150 克，去皮，切块

滚水，200 毫升

新鲜菠菜，40 克

冻豌豆，40 克

切达奶酪碎，40 克

葵花籽油和黄油放入锅内加热，放入韭葱煸炒 4 分钟左右。炒软后放入大蒜，继续煸炒半分钟。放入红薯和土豆，倒入滚水。盖上锅盖，煮 9 分钟。放入菠菜和豌豆，继续煮 3 分钟。离火，拌入切达奶酪碎。待奶酪融化后，用搅拌机搅打成浓汤。如果觉得太稠，可加入少量母乳或配方奶调得稀一些。

甜蔬浓汤 ❋ ☺ ☹

豌豆和玉米的外皮很难消化，食用前应放入婴儿食品研磨机内磨去外皮。

三份量

洋葱，25克，切丝
橄榄油，1大匙
清水，200毫升
冻豌豆，1大匙
胡萝卜，75克，去皮，切块
土豆，150克，去皮，切块
冻玉米，2大匙

洋葱和胡萝卜放入油锅内，文火煎5分钟。拌入土豆，加水煮开。盖上锅盖，继续炖10分钟。倒入玉米和豌豆，继续炖5分钟左右。最后用婴儿食品研磨机制成浓汤。

花菜红椒玉米三蔬浓汤 ❋ ☺ ☹

宝宝喜欢这几种蔬菜鲜亮的颜色和特有的甜味。给小宝宝吃玉米前一定要把玉米倒入婴儿食品研磨机内研磨一下，去掉粗糙的外皮。

四份量

花菜，100克，撕成小朵
切达奶酪碎，50克
冻玉米，75克
母乳或配方奶，120毫升
甜红椒，25克，切块

把花菜和母乳（或配方奶）倒入小锅内，小火煮8分钟。煮软后拌入奶酪碎，待其融化。同时将红椒和玉米上锅蒸熟或加水煮6分钟左右。煮软后沥干玉米和红椒，与花菜、母乳（或配方奶）和奶酪一起放入婴儿食品研磨机里制成浓汤。

花菜奶酪 ❄ ☺ ☹

宝宝很喜欢这道菜。可以把每一种奶酪都试一遍或将各种奶酪拌在一起，直到找到宝宝喜欢的口味。这款奶酪酱也可以淋在各种蔬菜上。

五份量

花菜，175 克

奶酪酱

黄油，15 克

中筋面粉，1 大匙

母乳或配方奶，150 毫升

切达、艾顿或格吕耶尔奶酪碎，50 克

花菜洗净，撕成小朵，上锅蒸软（10 分钟左右）。同时，取一口厚底锅，小火加热，使黄油融化。拌入面粉，调匀。倒入母乳或配方奶，调成浓稠的面糊。离火，拌入奶酪碎，搅拌至奶酪融化，酱汁顺滑。

花菜倒入酱汁里。如果是给小宝宝食用，就用搅拌机搅打成浓汤。如果是给大一点的宝宝食用，就用叉子压成泥状或用刀切成小块。

小胡瓜脆皮 ❄ ☺ ☹

也可以换用西兰花来做这道奶油浓汤。

六份量

中等大小的土豆，1 个（约 100 克），去皮，切块

小胡瓜，175 克，切片

黄油，1 块

切达或格吕耶尔奶酪，40 克

母乳或配方奶，4 大匙

土豆煮软。小胡瓜上锅蒸 6—7 分钟。沥干土豆，加入黄油和奶酪，搅拌至黄油融化。用手持电动搅拌机将土豆、小胡瓜和母乳（或配方奶）搅打成浓汤。如果是给大一点的宝宝食用，可直接用叉子压成泥状。

韭葱土豆浓汤 ❄ ☺ ☹

这是小宝宝喜欢的一款蔬菜浓汤。加点儿调料，就成了大人也爱喝的美味浓汤。

四份量

黄油，25 克

韭葱，125 克，切细

土豆，250 克，去皮，切块

鸡高汤或蔬菜高汤，300 毫升（见 38 页或 76 页）

希腊酸奶，2 大匙

黄油放入锅内烧热。放入韭葱，小火加热 5 分钟，偶尔翻动一下。倒入土豆和高汤。盖上锅盖，煮 12 分钟左右，煮至软烂。蔬菜滤干后，放入婴儿食品研磨机或搅拌机里，倒入足量汤水，制成浓汤。拌入酸奶。

小胡瓜豌豆汤 ❄ ☺ ☹

我把下面的食材放在一起制成这款浓汤时，发现味道好极了，所以又做了一份供全家人享用。只需加大食材的用量，多加点儿高汤和调料就行。

四份量

小个儿洋葱，半个，去皮，切细

黄油，15 克

小胡瓜，50 克，去掉头尾，切薄片

中等大小的土豆，1 个（约 150 克），去皮，切块

鸡肉高汤或蔬菜高汤，120 毫升（见 38 页或 76 页）

冻豌豆，25 克

洋葱和黄油放入锅内炒软。放入小胡瓜和土豆，倒入高汤。煮开后盖上锅盖，炖 12 分钟。放入冻豌豆，煮开后转小火，继续炖 4—5 分钟。用搅拌机搅打成浓汤。

蔬菜意面汤 ❄ ☺ ☹

这道汤里富含蔬菜纤维，但味道却很棒，宝宝也容易咀嚼。如果宝宝还小，可以调稀一些。加入少量调料和高汤，全家人就能一起享用这道美味浓汤了。

四份成人量或十二份婴儿量

植物油，1 大匙

小个儿洋葱，半个，切细

韭葱，半根，只留葱白，洗净，切细

中等大小的胡萝卜，去皮，切丁

芹菜梗，半根，切丁

菜豆，100 克，切成 1.5 厘米长的小段

土豆，1 个，去皮，切丁

鲜欧芹碎，1 大匙

番茄浓汤，2 小匙

鸡高汤或蔬菜高汤，1.2 升（见 38 页和 76 页）

冻豌豆，3 大匙

小块意面（见 135 页“五彩贝壳意面”），50 克

植物油倒入锅内烧热，倒入洋葱和韭葱，煸炒 2 分钟。放入胡萝卜、芹菜、菜豆、土豆和欧芹，继续煸炒 4 分钟。拌入番茄浓汤，煮 1 分钟。倒入鸡高汤或蔬菜高汤，盖上锅盖，炖 20 分钟。放入冻豌豆和意面，继续煮 5 分钟（可参考意面包装上的烹煮时间）。

鱼肉

奶酪酱鱼肉拌蔬菜 ❀ ☺ ☹

鱼肉和奶酪酱是黄金搭档，总是受到宝宝的欢迎。

六份量

黄油，15 克

中等大小的胡萝卜，1 根，去皮，切块

冻豌豆，40 克

母乳或配方奶，150 毫升

月桂叶，1 片

韭葱，60 克，洗净，切细

西兰花，60 克，切成小朵

鳕鱼排，150 克，去皮

胡椒，3 粒

奶酪酱

黄油，20 克

中筋面粉，1 大匙

切达奶酪碎，45 克

黄油放入锅内加热融化，放入韭葱，煸炒 3 分钟。放入胡萝卜，倒入滚水，煮 12 分钟。放入西兰花，继续煮 5 分钟。倒入豌豆，翻炒后转小火炖 3—4 分钟，炖至软烂。

同时将鱼排放入平底锅内，倒入母乳（或配方奶）、胡椒和月桂叶，炖 4 分钟。待鱼肉炖熟后，滤出汤水备用。取出胡椒和月桂叶。

现在可以开始做奶酪酱了。取一口平底锅，放入黄油加热融化，拌入面粉，加热 1 分钟。慢慢拌入炖鱼的汤水。煮开后不停搅拌，待酱汁浓稠后离火。放入奶酪，搅拌至融化。

沥干蔬菜，拌入鱼肉和奶酪酱。如果是给刚能咀嚼的稍大一点的宝宝吃，可以把煮软的蔬菜捣碎或切细。如果是给小宝宝吃，可以用搅拌机搅打成浓汤。

胡萝卜番茄鲑鱼汤 ❄ ☺ ☹

这是一道既美味又细滑的鱼汤。

四份量

胡萝卜，225 克，去皮，切片

鲑鱼排，150 克

母乳或配方奶，半大匙（或能漫过鲑鱼，详见下面的做法）

黄油，30 克

熟番茄，2 个，去皮，去籽，切块

切达奶酪碎，40 克

水开后将胡萝卜放入蒸笼，置于滚水上，蒸 15—20 分钟，蒸至软烂。同时，鱼肉放入微波炉专用器皿里，拌入母乳（或配方奶）和一半的黄油，盖上盖子，留出一个出气孔，放入微波炉里大火转 1.5—2 分钟。也可以把鱼肉放入平底锅内，倒入足量母乳或配方奶，炖 4 分钟左右，将鱼肉炖熟。

另一半黄油放入锅内加热融化，放入番茄，炒至微微出沙。离火，拌入奶酪，搅拌至融化。将蒸熟的胡萝卜与番茄拌在一起。沥干鱼肉，去皮，去骨，切片。拌入胡萝卜和番茄。如果是给小宝宝吃，可以用搅拌机把鱼肉、胡萝卜和番茄搅打至细滑。

鲑鱼等富含油脂的鱼类中含有大量有助于大脑发育的必需脂肪酸。周岁前，宝宝的大脑会增至3倍大。富含必需脂肪酸的餐食对于患有读写障碍、多动症和运动障碍的婴幼儿极为有益。现在许多食物里都添加了omega-3脂肪酸，但大多是从植物而非鱼类中提取的，添加量还远远不能满足需要，最好从天然食品中大量摄取。

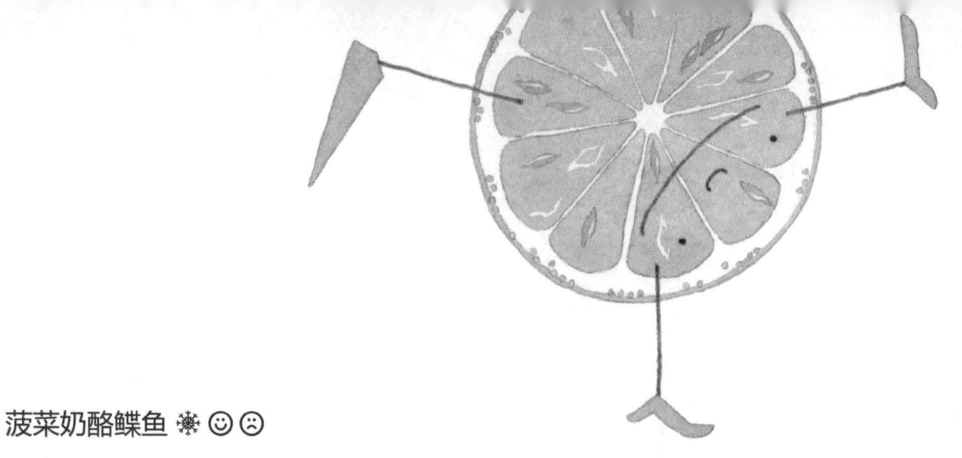

菠菜奶酪鲽鱼 ❄ ☺ ☹

可以用冷冻蔬菜来替代新鲜蔬菜。冷冻蔬菜往往比厨房里存放了几天的蔬菜更有营养。当然，这道菜也可以用新鲜菠菜来做。

八份量

鲽鱼排，225 克，去皮

月桂叶，1 片

黄油，1 块

母乳或配方奶，1 大匙

胡椒，几粒

新鲜菠菜，175 克（或冷冻菠菜，75 克）

奶酪酱

黄油，25 克

中筋面粉，2 大匙

母乳或配方奶，175 毫升

格吕耶尔奶酪，50 克

鲽鱼放入盘内，加入母乳（或配方奶）、月桂叶、胡椒和黄油，放入微波炉内，大火转 3 分钟。也可以放入平底锅内，文火煮 5 分钟。同时，将菠菜放入锅内，菠菜叶上淋上少量清水，煮 3 分钟左右，或按包装上的说明将冷冻菠菜煮熟。沥干蔬菜。下面来做奶酪酱（具体做法详见 71 页）。取出月桂叶和胡椒，鱼肉切片，拌入菠菜和奶酪酱，调成浓汤。

红薯鳕鱼排 ❄ ☺ ☹

黄瓤红薯富含 β－胡萝卜素，有助于预防某些种类的癌症。

八份量

红薯，225 克，去皮，切丁

鳕鱼，75 克，去皮，制成鱼排

母乳或配方奶，2 大匙

黄油，1 块

1 个鲜橙榨出的橙汁（约 120 毫升）

红薯放入锅内，倒入少量清水。煮开后盖上锅盖，炖 20 分钟，炖至软烂。鱼肉放入盘内，倒入母乳（或配方奶）和黄油，放入微波炉里，大火转 2 分钟。也可以将鱼肉放入锅内，倒入母乳（或配方奶）和黄油，文火煮 6—7 分钟。把煮过的红薯、沥干的鱼肉和橙汁一起用搅拌机搅打成细滑的浓汤。

橙汁鱼排 ☺ ☹

15 余年来，这款鱼汤一直很受欢迎——因为味道确实鲜美。

五份量

鱼排（如鳕鱼、黑线鳕或无须鳕制成的鱼排），225 克，去皮

1 个鲜橙榨出的橙汁（约 120 毫升）

切达奶酪碎，40 克

鲜欧芹碎，1 中匙

压碎的玉米片，25 克

植物黄油，7 克

盘底抹油，放入鱼肉，淋上橙汁、奶酪、欧芹和玉米片，倒入植物黄油。用锡纸包好，放入预热至 180℃的烤箱，烘烤 20 分钟左右。也可以盖上盖子，放入微波炉内高火转 4 分钟。鱼肉切片，剔除鱼骨。淋上鱼盘里的汤水，捣成泥状。

鸡高汤及第一份鸡肉浓汤 ❄ ☺ ☹

周岁以下的宝宝不宜食用冷冻鸡高汤，因为其中盐分含量太高，所以我自创了这款鸡高汤，可以用它来做鸡肉蔬菜浓汤的汤料，放在冷藏室里可以保存3天。如果是给周岁以上的宝宝食用，可以在其中加入3块冷冻鸡汤，味道会更加鲜浓。这款汤也可以用来煮面。如果不用汽锅鸡，也可以用烤鸡的鸡架来烹制。

约2.25升

大只汽锅鸡，1只，连同鸡杂

清水，2.25升

欧洲防风根，2个

大个儿胡萝卜，3根

韭葱，2根

大个儿洋葱，2个

芹菜梗，1根

带叶鲜欧芹，2枝

香料，1撮

鸡肉切成8块，去掉多余的脂肪。去皮，洗净。蔬菜切碎。把鸡块连同鸡杂一起放入大锅里，倒水煮开，撇去最上一层浮沫。倒入余下的食材，炖3个小时左右。如果打算吃鸡肉，一个半小时后最好捞出鸡胸肉，否则会煮老。

鸡汤放入冷藏室里冷藏一夜。早上取出，去掉凝固了的脂肪。滤出鸡肉和蔬菜，用剩下的鸡汤制作鸡高汤。

可以把鸡胸肉放入婴儿食品研磨机内，加入蔬菜和适量鸡高汤研磨成鸡肉蔬菜浓汤。加入冷冻鸡汤和调料，就能制成大宝宝爱吃的醇香鸡汤。

白软奶酪鸡 ❄ ☺ ☹

这个阶段的宝宝还不能把鸡块当做手指食品吃。这款食谱以及下面的三款食谱都是教你如何把放凉的鸡肉制成宝宝爱吃的美味佳肴。

两份量

煮熟的无骨鸡肉，50 克，切块

原味酸奶，1 大匙

菠萝味的白软奶酪，1.5 大匙

鸡肉里拌入酸奶和白软奶酪，搅打至顺滑。

鸡肉沙拉浓汤 ❄ ☺ ☹

还有什么能比烹制这款浓汤更简单的呢？如果是给学步期的宝宝食用，只需要把食材切块，不加酸奶，拌入蛋黄酱和色拉酱就行。

一份量

煮熟的无骨鸡肉，25 克

黄瓜，1 片，去皮，切丁

小个儿番茄，1 个，去籽，切块

牛油果，50 克，去皮，切块

淡味酸奶，1 大匙

用搅拌机将全部食材搅打至顺滑。立即食用。

红薯苹果鸡汤 ❄ ☺ ☹

这道汤顺滑美味，宝宝很爱吃。

四份量

葵花籽油，1.5 大匙

洋葱，40 克，切片

鸡胸肉，100 克，切块

苹果，半个，去皮，切块

红薯，1 个（约 300 克），去皮，切块

鸡高汤，200 毫升（见 76 页）

油锅烧热，放入洋葱，煸炒 2—3 分钟。放入鸡肉，炒至色泽透明。倒入苹果、红薯和高汤，煮开后盖上锅盖，炖 15 分钟。调至适宜的稠度。

第一份豌豆鸡砂锅 ❄ ☺ ☹

小宝宝第一次吃鸡肉，试试这道浓汤再好不过了。

四份量

韭葱，50 克，切细

黄油，12 克

葵花籽油，1 小匙

胡萝卜，75 克，洗净，去皮，切块

红薯，200 克，去皮，切块

带叶鲜百里香，2 枝

鸡高汤，250 毫升（见 76 页）

冻豌豆，40 克

锅内放入黄油和葵花籽油，倒入韭葱炒软。加入胡萝卜、红薯和百里香，倒入高汤。煮开后盖上锅盖，炖 15 分钟左右。放入豌豆，继续煮 4 分钟，离火。摘掉百里香的叶子，扔掉硬梗，搅打成浓汤。

番茄酱炖鸡肉

十二份量

洋葱，25克，切细

胡萝卜，100克，切薄片

植物油，1.5大匙

鸡胸肉，1小份，剁碎

土豆，100克，去皮，切块

罐装番茄块，200克

鸡高汤，150毫升（见76页）

锅内倒入植物油烧热，放入洋葱和胡萝卜炒软。放入鸡肉和土豆，继续翻炒3分钟。倒入番茄块和鸡高汤。煮开后转小火炖30分钟。待番茄炖烂后，全部倒入婴儿食品研磨机里研磨。如果是给9个月以上的宝宝吃，可以用搅拌机搅拌。也可以视情况加入少量母乳或配方奶，使其更加顺滑。

杏干果味鸡 ❄ ☺ ☹

将鸡肉和水果放在一起炖煮，很对宝宝的口味。杏干是最健康的天然食品之一，其中富含 β－胡萝卜素、铁和钾，风干的过程浓缩了这些营养物质。杏干也是极好的手指食品。这道菜很好吃，还可以拌入 4 大匙煮熟的大米或意面。

四份量

橄榄油，2 小匙

小个儿洋葱，半个（约 50 克），切块

大蒜，1 小瓣，压成蒜泥

鸡胸肉，75 克，去骨，切块

红薯，150 克，切块

杏干，3 颗，切块

番茄泥（筛过的番茄），150 毫升

鸡高汤（见 76 页）或清水，150 毫升

油锅烧热，放入洋葱，翻炒 5 分钟左右。炒软后放入蒜瓣，再炒 1 分钟。放入鸡块，继续翻炒 2—3 分钟。鸡块过油后，倒入红薯、杏干、番茄泥和鸡高汤（或清水）。煮开后盖上锅盖，炖 5 分钟左右。

红肉

红薯炖牛肉 ❄ ☺ ☹

如果准备给宝宝吃红肉，可以试试这道菜和下面的那道菜。

六份量

黄油（或人造黄油），50 克
炖牛排，125 克，切块
双孢蘑菇，100 克，切片
鸡高汤（见 76 页），250 毫升
韭葱，1 根（约 150 克），洗净，切细
面粉，1 大匙
红薯，275 克，去皮，切块
1 个鲜橙榨出的橙汁（约 120 毫升）

黄油（或人造黄油）放入一口耐高温的砂锅内烧热，放入韭葱翻炒 4 分钟左右，炒软。牛肉裹上面粉，放入锅内，继续翻炒，炒至颜色变深。放入蘑菇，翻炒 1 分钟。倒入红薯、鸡高汤和橙汁。煮开后放入预热至 180℃的烤箱内，烘烤 1 小时 15 分，烤至牛肉软熟。倒入足量汤水打至顺滑。

肝脏特餐 ❄ ☺ ☹

六份量

牛肝，75 克（或鸡肝 2 个）
韭葱，25 克，只留葱白，切细
胡萝卜，50 克，去皮，切块
黄油，1 块
鸡高汤（见 76 页），120 毫升
蘑菇，25 克，切块
土豆，1 个，去皮，切块
母乳或配方奶，半大匙

肝脏处理干净，切块，倒入鸡高汤，放入韭葱、蘑菇和胡萝卜，小火炖 8 分钟左右。土豆炖软后，加入黄油和母乳（或配方奶）捣烂。肝脏和蔬菜搅打成浓汤，拌入土豆。

annabel karmel

意面

番茄冬南瓜星星意面 ❄ ☺ ☹

冬南瓜和奶酪里拌入美味的番茄酱，更添美味。

三份量

冬南瓜，100 克，去皮，切丁
黄油，10 克
鲜罗勒叶，4 片，撕碎
小块星星意面，25 克
中等大小的番茄，3 个，去皮，去籽，切块
奶酪或奶油，1 大匙

冬南瓜上锅蒸 10 分钟，蒸至软烂。同时，按照包装上的说明将意面煮熟。下面来做番茄酱。锅内倒入黄油加热融化，放入番茄翻炒 3 分钟，炒至出沙。拌入罗勒碎。将冬南瓜、番茄和罗勒搅打均匀。拌入奶酪或奶油。

蔬菜奶酪意面酱 ❄ ☺ ☹

三份量

胡萝卜，65 克，去皮，切片
黄油，25 克
母乳或配方奶，175 毫升
小朵西兰花，40 克
中筋面粉，2 大匙
切达奶酪碎，40 克

胡萝卜上锅蒸 10 分钟，倒入小朵西兰花，继续蒸 7 分钟。同时，小锅加热使黄油融化，拌入面粉，调成浓稠的面糊。慢慢倒入母乳或配方奶，煮开后不断搅拌，直至酱汁变稠。炖 1 分钟。离火，拌入奶酪碎。奶酪酱里拌入蒸熟的蔬菜，用搅拌机搅打成浓汤。与煮熟的小块意面拌在一起食用。

第一份肉酱意面 ❋ ☺ ☹

三份量

橄榄油，1大匙

小个儿洋葱，1个，去皮，切块

大蒜，1瓣，压成蒜泥

中等大小的胡萝卜，1根，去皮，压碎

芹菜梗，半根，切细

瘦的牛绞肉，100克

中等大小的番茄，3个，去皮，切块

番茄浓汤，半小匙

不加盐的鸡高汤，150毫升

小块意面，3大匙

油锅烧热，放入洋葱、蒜瓣、胡萝卜和芹菜，翻炒5分钟。倒入牛绞肉，煸炒至色泽变深。倒入番茄、番茄浓汤和鸡高汤，搅拌均匀。煮开后炖15分钟。同时，按照包装上的说明将意面煮熟。用搅拌机把酱汁搅打至顺滑。沥干意面，拌入酱汁。

番茄罗勒意面酱 ❋ ☺ ☹

宝宝喜欢抓着蝴蝶形状的意面玩耍。

两份量

黄油，15克

洋葱，2大匙，切细

熟番茄，150克，去皮，去籽，切块

鲜罗勒叶，2片，撕碎

奶油奶酪，2小匙

深底锅烧热使黄油融化，倒入洋葱炒软。放入番茄，翻炒3分钟，炒至出沙。拌入罗勒和奶油奶酪，待热透后用搅拌机搅打成酱汁。

番茄奶酪意面酱 ❄ ☺ ☹

这款美味的番茄酱可以拌入任何一种意面——我家宝宝喜欢用它来蘸乳清干酪菠菜馅的饺子吃。

四份量

橄榄油，1 大匙

小个儿洋葱，半个，去皮，切块

大蒜，半瓣，去皮，压成蒜泥

胡萝卜，50 克，去皮，切块

番茄泥，200 毫升

清水，3 大匙

鲜罗勒叶，2 片，撕成大片

帕尔马奶酪碎，1 小匙

奶油奶酪，1 小匙

橄榄油烧热，放入洋葱、蒜瓣和胡萝卜，翻炒 6 分钟。倒入番茄泥、清水、罗勒和帕尔马奶酪，盖上锅盖，炖 15 分钟。酱汁搅打均匀，拌入奶油奶酪。拌入意面后食用。

大力水手意面 ❄ ☺ ☹

四份量

冷冻菠菜，100 克（或新鲜菠菜，225 克），洗净

小块星星意面，40 克

黄油，15 克

母乳或配方奶，2 大匙

奶油奶酪，2 大匙

格吕耶尔奶酪碎，40 克

按照包装上的说明将冷冻菠菜煮熟，也可以在新鲜菠菜叶上淋点儿水，放入微波炉或深锅内，小火煮软。沥出多余的水分。按照包装上的说明将意面煮熟。同时，取一口小炒锅，加热使黄油融化，倒入煮熟的菠菜翻炒。倒入母乳（或配方奶）和奶酪，用食品料理机打细。拌入煮熟的意面里食用。

断奶后期的食谱

	早餐	早间餐	午餐	午间餐	下午餐	睡前餐
第一天	维他麦加母乳或配方奶 香蕉泥 母乳或配方奶	母乳或配方奶	**红薯苹果鸡汤** 水果 果汁 *	母乳或配方奶	**韭葱土豆浓汤** **杏干苹果桃浓汤** 水或果汁	母乳或配方奶
第二天	麦片粥加母乳或配方奶 水果浓汤 母乳或配方奶	母乳或配方奶	**牛油果和香蕉** 果汁	母乳或配方奶	**小胡瓜豌豆汤** 甜瓜 水或果汁	母乳或配方奶
第三天	苹果浓汤加婴儿麦片 吐司 母乳或配方奶	母乳或配方奶	**烤红薯** 果汁	母乳或配方奶	**红薯炖牛肉** 酸奶 水或果汁	母乳或配方奶
第四天	婴儿麦片加母乳或配方奶 **香蕉蓝莓** 熟奶酪 母乳或配方奶	母乳或配方奶	**西兰花三蔬** 果汁	母乳或配方奶	**蔬菜意面汤** 芒果或木瓜 水或果汁	母乳或配方奶

* 宝宝已经可以咀嚼手里抓着小块软烂的水果。

	早餐	早间餐	午餐	午间餐	下午餐	睡前餐
第五天	维他麦加母乳 或配方奶 **桃苹果草莓浓汤** 母乳或配方奶	母乳或配方奶	**蔬菜奶酪意面酱** 果汁	母乳或配方奶	**肉酱意面** 手指吐司 酸奶 水或果汁	母乳或配方奶
第六天	婴儿麦片加母乳 或配方奶 **桃苹果草莓浓汤** 母乳或配方奶	母乳或配方奶	**番茄胡萝卜 罗勒浓汤** 水果 果汁	母乳或配方奶	**橙汁鱼排** 酸奶水果 水	母乳或配方奶
第七天	母乳或配方奶 酸奶和水果	母乳或配方奶	**红薯菠菜豌豆浓汤 杏干苹果** 果汁	母乳或配方奶	**水田芥土豆 小胡瓜浓汤** 苹果桃果泥 水或果汁	母乳或配方奶

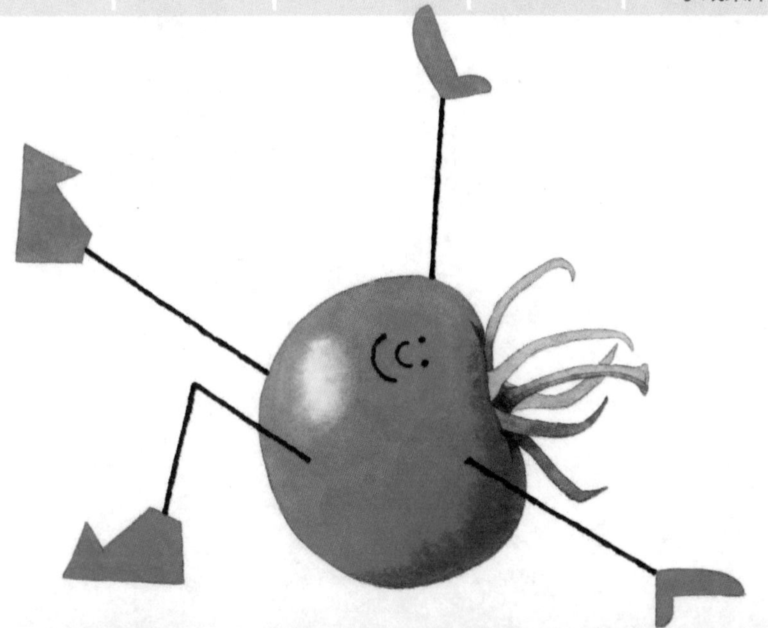

第四章

9—12个月

临近周岁，宝宝体重的增长会明显放缓。之前还能好好吃饭的宝宝这个时候却很难喂养。喂饭的时候可以让宝宝坐在桌边的高椅上。尽量让宝宝和家人一起吃饭，让宝宝觉得吃饭时很有趣，且能与他人交流。宝宝看到周围的人都吃得香，就会想要融入进去。

对父母来说，这一阶段很让人头疼——宝宝很难喜欢块状的食物，而且一般来说，宝宝更喜欢自己吃而不是被人喂，虽然靠他自己根本应付不来。有趣的是，虽然许多宝宝不爱吃块状食物，但却很喜欢自己咀嚼手指食品，如胡萝卜条、黄瓜条或小块水果。可以给宝宝吃富含营养的手指食品，比如鸡肉苹果丸（124页）、鲑鱼丸（122页）或鲜果冰棍（110页）——长牙时牙龈酸痛，吃冰棍可以有效缓解。

喂食要有耐心

尽量让宝宝自己试着用勺子。也许最后大半食物弄得满身满地都是，但宝宝用勺的机会越多，就能越快学会自己吃饭。在高椅下放一张塑料垫，接住落下的食物。最好准备两套餐具。一套用来喂宝宝，还有一套（最好碗是那种能吸在桌上的）让宝宝自己玩儿。喂饭的时候要有足够的耐心，因为这个阶段的宝宝大多吃饭不专心，更喜欢玩食物而不是把食物吃掉。要是没有太好的办法，我建议你可以给宝宝一个小玩具，将宝宝的注意力吸引到手里的玩具上。可以不时用勺子把食物塞进宝宝嘴里，他会不知不觉地吃下去，而不会做任何反抗！

宝宝在晚饭前常会哭闹不止，尤其是到了还没开饭的时候。趁宝宝还没开始哭闹，先给宝宝吃些胡萝卜条、黄瓜条之类的蔬菜填填肚子。要是之前没吃零食，宝宝会很饿，很可能会把蔬菜吃下去。要是吃蔬菜吃饱的话，那就再好不过了。如果宝宝不喜欢吃煮过的某种蔬菜，并不代表他 不喜欢生吃这种蔬菜，所以要让宝宝两种都吃吃看。我发现有时候宝宝更喜欢吃整根的胡萝卜或黄瓜条，而不是切成小块的。

继续主要给宝宝喝母乳或配方奶。牛奶不宜作为主要饮品，因为牛奶中的维生素和矿物质（如铁）含量不高。随着辅食摄入量的增加，母乳或配方奶不再是宝宝每餐的固定部分，但是宝宝仍然应该每日摄入 500 毫升的母乳或配方奶（或分量相当的乳制品，或将母乳或配方奶作为烹制辅食的配料），因为母乳或配方奶里富含蛋白质和钙。许多母亲认为，宝宝哭就是要喝奶，但是这个阶段的宝宝往往喝奶喝得过量，辅食的添加量却有所不足。要是宝宝想吃辅食的时候，你却只是用母乳或配方奶填饱他的肚子，宝宝是不会满足的。

可以关掉电视，营造一种安静的氛围，但毫无疑问，有的宝宝喜欢坐在高椅上，手上玩个简单（可以清洗）的小玩具，这样他能吃得更好。有的宝宝手里抓着东西会更好喂，可以试试让宝宝握把勺子……

要是有榨汁机，可以给宝宝做各种美味的蔬果汁——试试把苹果、草莓和香蕉放在一起榨汁。这一阶段的宝宝很喜欢用杯子喝水，奶瓶可以留到睡前喝温热的母乳或配方奶时使用。宝宝在这个阶段还会长牙，酸痛的牙龈会让宝宝有一阵子不想吃饭。别担心，宝宝晚点儿或第二天会吃的。（在宝宝的牙龈上抹点儿出牙镇痛啫喱，或给宝宝一些冷东西磨牙，能缓解酸痛和恢复胃口）。

可以在喂饭的时候与宝宝一起吃点儿。有的母亲会坐在宝宝对面，试图用勺子把食物塞进宝宝嘴里，但自己却什么也不吃。宝宝很会模仿，要是看见你也在吃，他会吃得更欢。

在宝宝学习自己吃饭的时候，应该允许宝宝把食物蹭得到处都是。

让用餐变为一种积极的体验。如果宝宝讨厌先擦脸再吃饭，那就只在饭后才给宝宝擦脸，除非宝宝一边吃一边蹭得到处都是。试着用绒布和温水而不是婴儿手巾来给宝宝擦脸和手，因为婴儿手巾里的酒精碰到脸颊上会刺痛他长牙时酸痛的部位。

选择食物

这个阶段，你给宝宝准备食物的时候可以大胆一点儿。可以让宝宝适应大蒜和草药的味道，它们都对宝宝的健康有益。尽早给宝宝吃各种食品，这样宝宝就不会太挑食。要是宝宝不喜欢某些食物，别勉强，过几天可以再给宝宝吃吃看。尽量换换品种，这样营养才能更均衡。要是常给宝宝吃爱吃的东西，宝宝最终可能会吃腻，再也不碰了。

这一阶段的宝宝可以吃浆果（可以先过筛，去掉不易消化的种子）。宝宝喜欢果冻的色、形、味。宝宝应该还喜欢压碎的水果和蔬菜。可以给宝宝吃鲑鱼、沙丁鱼和新鲜的金枪鱼等富含油脂的鱼类，因为其中含有必需脂肪酸与对宝宝大脑和视力发育极为重要的铁元素。鱼肉做起来很简单，如果按照我的食谱烹制，宝宝马上就会爱上吃鱼。当然，鱼肉都得非常新鲜才行。

尽可能让盘子里的食物看起来很漂亮。选择颜色多样的水果和蔬菜，做成各种形状，比如娃娃的小脸。别把盘子堆得太满，用蛋糕碟来分装肉馅土豆泥饼或鱼饼（也可以放入冰箱冷冻）。

肉类

宝宝适宜吃红肉，因为其中富含铁。如果用到新鲜绞肉，要选品质优良的。请肉贩帮你现场剁一下，不要买事先剁好的。我发现绞肉煮熟后放入食品料理机里加工 30 秒，肉质就会更软，更易咀嚼，很适宜给小宝宝吃。可以把

肉和小块的意面或米粉拌在一起食用。最好别给这一阶段的宝宝吃香肠或各种加工后的肉类，如肉泥或肉饼。182 页上的番茄酱鸡尾酒肉丸是很好的手指食品。

硬度和分量

妈妈们很容易就会习惯只给宝宝吃软烂的东西，但应该尽量给宝宝吃硬度不一的东西。没必要把所有食物都制成浓汤。宝宝咀嚼并不一定是用牙，牙龈常常被用来咀嚼不太硬的食物。有些东西可以捣碎（鱼肉），有些可以碾碎（奶酪），有些可以切丁（胡萝卜），有些可以整个儿端给孩子（鸡块、吐司和鲜果块）。

说起每顿吃多少，一定要考虑到宝宝的胃口。可以把食物放在大一些的容器里冷冻，或把一份份的食物，比如肉馅土豆泥饼，放入小的蛋糕碟里。本章里的许多餐食全家人都可以享用，这种情况下，我给出的分量是成人的食用量。

手指食品

9 个月大的宝宝可能会想自己吃饭，可以给宝宝一些能用手抓着吃的东西。饭做好之前，可以给宝宝喂些手指食品——或者可以把一整餐都做成手指食品。

宝宝吃饭的时候一定要看紧。即便是小块食物也可能会让宝宝噎住。别给宝宝喂整颗坚果、有核的水果、整颗葡萄、冰块、橄榄或任何可能卡在喉咙里的食物。

宝宝噎住了怎么办

如果宝宝噎住了，让他脸向下趴在你的手臂或大腿上，头部的位置要低于胸部。一手托住他的头，一手在他胸部轻拍五下。

水果和冰棍

给宝宝喂水果的时候，要确保所有的种子和果核都已去掉。要是宝宝嚼不动，就喂些香蕉、蜜桃或果肉碎等入口即化的软烂水果。刚开始喂浆果和柑橘的时候，要一小块一小块地喂。尽量把每瓣橘子的外皮都去掉。

许多长牙的宝宝都喜欢啃咬冷的东西，这样牙龈的酸痛会得到缓解。可以试着做一做鲜果冰棍：将果泥、果汁、冰沙和酸奶混合后倒入冰棍模具内。

果干

果干里富含纤维、铁和能量。选择可即食的软烂果干。有些杏干用二氧化硫熏过，表面有鲜艳的橙色。不要选用这样的杏干，因为可能会引发哮喘。别给宝宝吃太多的果干，因为可能会很难消化，甚至会引起腹泻。

什么样的水果可以吃

苹果、杏、牛油果、香蕉、蓝莓、樱桃、小柑橘、葡萄、猕猴桃、芒果、甜瓜、油桃、橙子、木瓜、桃、梨、李子、覆盆子、草莓、番茄。

还可以这样吃

苹果圈、杏干、香蕉片、干枣、梨干、西梅干、有籽葡萄干、无籽葡萄干。

蔬菜

刚开始可以给宝宝几小块做熟的软烂蔬菜抓在手上，鼓励宝宝小口去咬。（蔬菜最好是蒸熟，这样维生素 C 不会被破坏。）此后可以逐渐减少烹制的时间，这样宝宝会逐渐学会用力咀嚼。一旦学会，宝宝就会喜欢吃豌豆和玉米之类的颗粒状蔬菜了。

宝宝一旦能自己吃做熟的蔬菜，就可以让他生吃蔬菜了。即便咬不动菜梗，宝宝也喜欢咬着玩儿，这有益于宝宝长牙。事实上，胡萝卜和黄瓜之类的条状蔬菜，如果放入冰箱里冷冻或放入冰水里冰镇几分钟再生吃，对牙龈的酸痛会有缓解作用。生食大块蔬菜比小块更安全，宝宝会把蔬菜啃咬下来再吞进肚子里，如果是小块食物，宝宝想直接吞下去的时候可能会被噎住。

宝宝一旦会很好地咀嚼，就可以试试吃玉米棒了。把玉米棒切成两半或三块，或者在超市里找找有没有迷你型的玉米棒——宝宝吃正好。玉米棒吃起来很有趣，宝宝喜欢抓着啃。蔬菜蘸着酱汁或浓汤吃也很美味。可以试试用蔬菜浓汤来做蘸酱。

把蔬菜浓汤倒在冰格里放入冰箱冷冻。包括宝宝爱吃的冬南瓜、红薯、胡萝卜和豌豆，还有宝宝不一定爱吃的小胡瓜、菠菜或西兰花。每次取出足量解冻，与日常的餐食拌在一起。

- 与意面酱和小块的意面拌在一起。
- 拌入奶油味的土豆泥里。
- 抹在奶酪三明治上。

面包和面包干

小块的吐司、面包干和硬面包，比如口袋面包和贝果，都是很好的手指食品，可以蘸着酱汁或浓汤食用。米粉蛋糕有多种口味，而且黏性十足，对长牙有益。可以把烤过的奶酪或不含糖的果酱抹在吐司上。

市面上许多婴儿面包干和甜饼干的含糖量相当，低糖面包干的含糖量也达 15% 以上。用全麦面包的方子可以很容易地制作出低糖面包干（见下文）。

蔬菜手指食品

西兰花、胡萝卜、花菜、芹菜、玉米棒、小胡瓜、蘑菇、土豆、红薯。

自制面包干

如果是在家里制作美味的面包干，只需切下1大块（约1厘米厚）全麦面包（麸皮面包或黑麦面包），再将其切成3条。把1/8小匙的马麦脱酸制酵母溶解在1小匙滚水里，然后均匀地涂抹在面包条上。放入预热至180℃的烤箱里烘烤15分钟即可。根据宝宝的口味，也可以不用马麦脱酸制酵母，而是加入少量奶酪碎。做好的面包干可以放入密封盒内保存3—4天。

迷你三明治

用饼干模把小份三明治压成手指、方块、小三角或小动物的形状，宝宝会很喜欢。至于三明治里夹什么，我的建议是：发挥想象力，创造出多种美味食材组合。

三明治里夹什么

香蕉泥和花生酱，玉米、蛋黄酱和金枪鱼，鹰嘴豆泥，白软奶酪和菠萝，奶油奶酪和草莓酱（或切碎的杏干），奶酪碎和番茄，番茄酱和压碎的沙丁鱼，蛋黄酱和水芹。

早餐麦片

宝宝喜欢抓起小块的早餐麦片吃，如通用磨坊麦圈。可以选择添加了铁和维生素但不加糖的麦片。

奶酪

刚开始可以给宝宝吃奶酪碎或把奶酪切得非常薄。一旦宝宝学会咀嚼，就可以吃块状或条状的奶酪了。我发现宝宝最喜欢吃下面几种奶酪：切达、马苏里拉、埃达姆、高达、埃曼塔和格吕耶尔。奶油奶酪和白软奶酪宝宝也喜欢。别碰味道强烈的奶酪，比如蓝纹奶酪、布里奶酪和卡门培尔奶酪。给宝宝喂的奶酪一定要经过巴氏消毒。

早上的小食

麦圈、玉米片、熟燕麦片、雀巢麦片。

意面

意面大小不同，形状不一，包括小星星、迷你贝壳、动物和字母形状。我在前几章给出了意面酱的做法，蔬菜浓汤也大多可以拌入意面食用。可以试试拌入融化后的黄油，再撒些奶酪碎。宝宝一般都很爱吃，就是挑剔的宝宝也不例外。

鸡肉

煮熟的鸡（或火鸡）肉片或鸡（或火鸡）肉块是很好的手指食品。浅色肉要吃，深色肉也要吃，因为与浅色肉相比，深色肉里锌和铁的含量超出了一倍。锤锤鸡和玉米片鸡肉（见 126 页）都是极好的手指食品。

鱼肉

白鱼片是低脂、高蛋白的营养食品，宝宝也很容易咀嚼，既可以直接给宝宝吃，也可以拌入适量酱汁。自制方法如下：把白鱼排切成细条，依次裹上面粉、蛋液和压碎的玉米片，然后炸至金黄。也可以试试 122 页上的鲑鱼丸。每次给宝宝吃鱼的时候都要格外小心，烹制之前、切片之时要仔细看看有没有鱼刺残留。要在宝宝的餐食里添加鲑鱼或沙丁鱼等富含油脂的鱼类，最好一周两次。

早餐

一夜没有进食之后，早餐对每个人而言都很重要，尤其是精力充沛的婴幼儿。

这一阶段的婴儿食谱里可以包含更多有趣、健康的谷物。麦芽尤其好，可以撒入早餐麦片或酸奶里。各种麦片和水果的组合既美味又营养，能补充每日所需。许多自制的麦片可以拌入苹果汁而不是母乳或配方奶中食用。

奶酪对于强健骨骼和牙齿非常重要。可以把奶酪抹在吐司上，或让宝宝抓着一小条玩儿。鸡蛋里富含蛋白质、维生素和铁。可以给宝宝吃炒鸡蛋或蛋饼，但蛋白和蛋黄一定要熟透。新鲜水果里含有维生素、矿物质和防癌的植物性化学物质。把水果制成手指食品、水果沙拉，或把苹果蒸熟后再给宝宝吃。

不要选择精加工的糖衣麦片。别被麦片包装一侧的添加维生素表糊弄住——未经过精加工的麦片对宝宝的健康更为有益。全麦麦片里富含铁，但还需要给宝宝补充些维生素 C，比如稀释后的橙汁或草莓，这样才能促进铁的吸收。

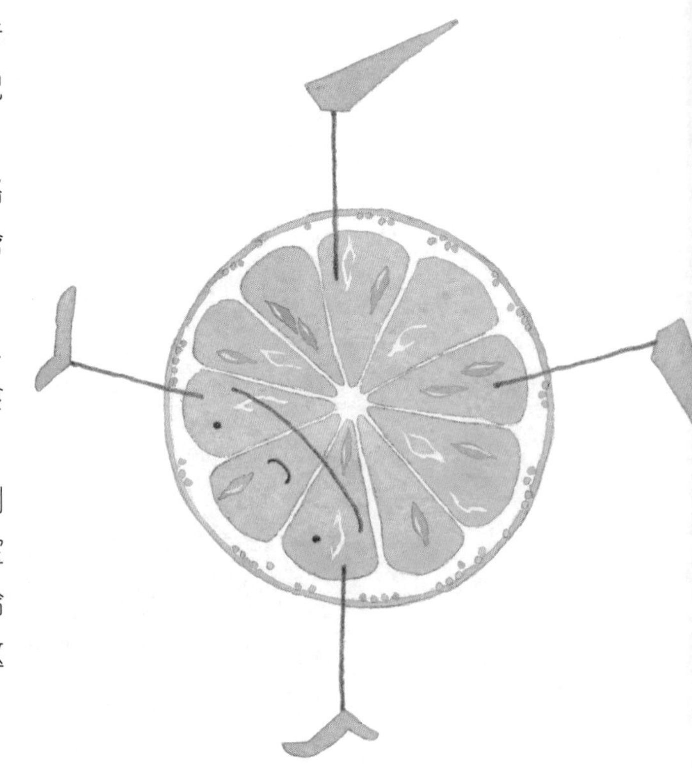

早餐

果味瑞士燕麦片 ☺☹

这道美味的营养早餐可以保证全家人的一整天有一个良好的开端。可以替换这款燕麦片里用到的水果，比如选用桃、草莓、香蕉或即食杏干。

四份婴儿量或两份成人量

燕麦圈，65 克

苹果汁，175 毫升

苹果，1 个，去皮，碾碎

枫蜜，1 大匙

麦芽，15 克

柠檬汁，1 小匙

梨，1 个，去皮，去核，切块

原味酸奶，120—150 毫升

把燕麦圈、麦芽和苹果汁拌在一起，静置几个小时或放入冰箱冷藏一夜。第二天早晨，在苹果碎上淋上柠檬汁，拌入燕麦圈里。倒入梨块、枫蜜和酸奶拌匀。

果味酸奶 ☺☹

市面上的许多果味酸奶里添加了大量糖分。自制酸奶很容易，可以放入宝宝爱吃的各种水果。

两份量

熟梨，半个，去核，去皮，切块

香蕉，半小根，去皮，切块

原味酸奶，150 毫升

枫蜜，2 小匙

把全部食材拌在一起即可食用。如果是给小宝宝吃，就把果肉捣烂。

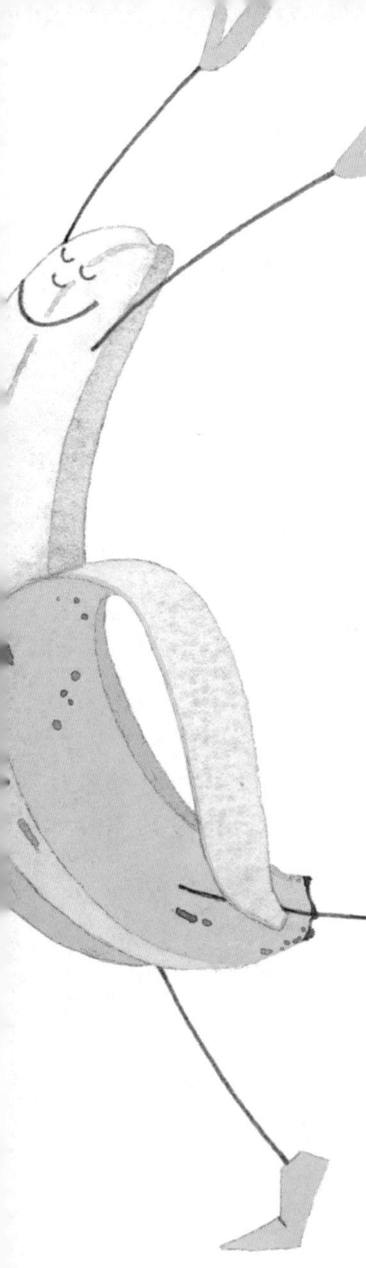

最爱吃的煎饼 ❋ ☺ ☹

早餐能吃到煎饼真是难得。下面这个食谱非常简单。煎饼可以先做好，放入冰箱冷冻，吃的时候加热一下就可以了。冷冻的时候可以在两张煎饼之间夹一张不粘油纸。可以与枫蜜和新鲜水果一同食用。

十二张煎饼量

中筋面粉，100 克

盐，适量

鸡蛋，2 个

母乳或配方奶，300 毫升

融化后的黄油，50 克

面粉和盐过筛，倒入搅拌碗内，中间挖一个洞，打入鸡蛋。用打蛋器将面粉和鸡蛋搅拌均匀，慢慢倒入牛奶，调匀。

取一口直径为 15—18 厘米的厚底煎锅，锅内刷上一层黄油。锅烧热后，倒入 2 大匙面糊。快速转动平底锅，待一层薄薄的面饼形成后，煎 1 分钟。用铲子翻面，煎至底面微微泛出金黄色。余下的面糊如法炮制，必要的时候在锅内再刷一层黄油。

杏干苹果梨卡士达 ❄ ☺ ☹

杏干是自然界最健康的食品之一，其中富含 β－胡萝卜素、钾和铁。这道美味的水果浓汤既可以做早餐也可以做甜点。

三份量

即食杏干，75 克

大个儿苹果，1 个，去皮，去核，切块

卡士达粉，1 大匙

母乳或配方奶，150 毫升

熟梨，1 个，去皮，去核，切块

杏干和苹果放入小锅内，加入 4 大匙清水，小火炖 8—10 分钟，炖至软烂。另取一口锅，倒入卡士达粉，加入少量牛奶拌匀。然后倒入余下的牛奶，慢慢煮开，边煮边搅拌至顺滑。把梨倒入煮熟的水果里，搅拌均匀，并拌入卡士达酱。

成长早餐 ☺ ☹

许多专为宝宝设计的早餐麦片里不幸都添加了大量糖分。我更喜欢给宝宝吃旧式的麦片，比如维他麦、稀饭或燕麦片，并加入新鲜水果以增加甜味。

一份量

维他麦，半根

香蕉，1 小根

中脂原味酸奶、母乳或配方奶，3 大匙

把维他麦和香蕉碾碎。把全部食材拌在一起即可食用。

夏日水果燕麦片 ☺☹

燕麦片浸泡一整夜，第二天拌入新鲜水果（如桃或草莓），就能制成美味营养的燕麦片了。要是宝宝太小，还不能吃块状食物，可以用搅拌机打得稀一点儿。

四份成人量

稀饭燕麦片，100 克

无籽葡萄干或有籽葡萄干，2 大匙

苹果和芒果的混合果汁，300 毫升

苹果，2 个，去皮，去核，碾碎

母乳或配方奶，4—6 大匙

枫蜜或蜂蜜（仅供 1 周岁以上宝宝食用），少量

把燕麦片、葡萄干与苹果和芒果的混合果汁倒入碗内，拌匀，放入冰箱冷藏一夜。第二天早上拌入余下的食材和水果，倒入少量枫蜜或蜂蜜（如果用到的话）。

香蕉西梅奶油果泥 ☺☹

这道甜点只需几分钟就能做成，却非常美味。要是宝宝有点儿腹泻，可以试试这道食谱。

一份量

带汁水的罐装西梅，5 颗，去核

原味酸奶，1 大匙

小个儿熟香蕉，1 根，去皮

奶油奶酪，1 大匙

西梅、香蕉、酸奶和奶油奶酪里加入 1—2 大匙西梅罐头里的汁水，一同用搅拌机搅打均匀即可。

三只小熊早餐 ☺☹

这是一道非常营养的早餐，但一定要让宝宝在金发姑娘上门之前就吃得一干二净 。

两份成人量

母乳或配方奶，300 毫升

稀饭燕麦片，40 克

即食桃干或杏干，25 克，切块

葡萄干，1 小匙，切碎

牛奶倒入锅内，煮开。拌入燕麦片，再次煮开，边煮边不停地搅拌。加入切碎的果干，转小火炖 4 分钟左右，炖至汤汁浓稠。

煎无酵饼 ☺☹

无酵饼是未经发酵的大块面包，类似于薄脆饼干。未煎时很脆。我儿子尼古拉斯喜欢把它掰成一块一块的，撒得满地都是。所以我喜欢煎一下再给他吃。

两份成人量

无酵饼，2 块

鸡蛋，1 个，打散

黄油，25 克

细砂糖，少量（可不加）

把无酵饼掰成小块，倒入冷水，浸泡几分钟。挤出水分，放入蛋液里。取一口煎锅加热，使黄油融化，待发出嘶嘶声后，将无酵饼两面都下锅煎一下。视口味可在饼上撒点儿糖。

法国吐司切片 ☺☹

用饼干模把面包切成各种动物造型很有趣。如果用于招待客人，可以淋上枫蜜或果酱。

两份量

鸡蛋，1 个

母乳或配方奶，2 大匙

肉桂粉，一小撮（可不加）

白面包或葡萄干面包，2 片

黄油，25 克

鸡蛋里倒入牛奶和肉桂粉（可不加）打散，倒入一只浅盘内。将面包两面都裹上蛋液。取一口煎锅加热，使黄油融化，把面包片整片或压成动物造型的面包放入锅内，煎至两面金黄。

奶酪炒蛋 ☺☹

宝宝周岁前，鸡蛋一定要炒到蛋液完全凝固。可以用白软奶酪来代替切达奶酪。

一份量

鸡蛋，1 个

牛奶，1 大匙

黄油，15 克

切达奶酪碎，1 大匙

番茄，1 个，去皮，去籽

鸡蛋里加入牛奶打散。小火加热使黄油融化，倒入蛋液，慢慢地不停搅拌。待蛋液变稠、松软且呈奶油状时，倒入奶酪和番茄块。立即食用。

水果

葡萄干烤苹果 ☺☹

青苹果味道更佳，但红苹果更甜。在这道食谱里，两种苹果都能用。苹果上淋上冰激凌或卡士达，更加美味。

六份婴儿量或两份成人量

苹果，2 个

苹果汁或清水，120 毫升

葡萄干，2 大匙

肉桂粉，少量

蜂蜜或枫蜜，1 大匙

（如果用的是青苹果）

黄油或植物黄油，少量

苹果去核，用叉子在苹果上戳几个洞，以防烤的时候裂开。把苹果放在耐高温的盘子里，倒入苹果汁或清水。每个苹果的中心加入 1 大匙葡萄干，撒上肉桂粉，倒入蜂蜜或枫蜜（如果用的是青苹果）。每个苹果上淋上少量黄油。放入预热至 180℃的烤箱，烘烤 45 分钟左右。

如果是给小宝宝吃的话，先挖出果肉，再将果肉与葡萄干和盘中的适量汁水一起大致搅拌一下。

苹果黑莓 ❄ ☺ ☹

黑莓和苹果是黄金搭档，黑莓（富含维生素C）会让苹果透出鲜亮的紫色。如果不用黑莓，也可以用草莓、蓝莓或将各种浆果混合起来使用。

六份量

苹果，2个，去皮，去核，切块

黑莓，100克　　　红糖，50克

苹果和黑莓倒入锅内，加入红糖和2大匙清水，煮至苹果软烂（15—20分钟）。把水果倒入婴儿食品研磨机内制成浓汤。

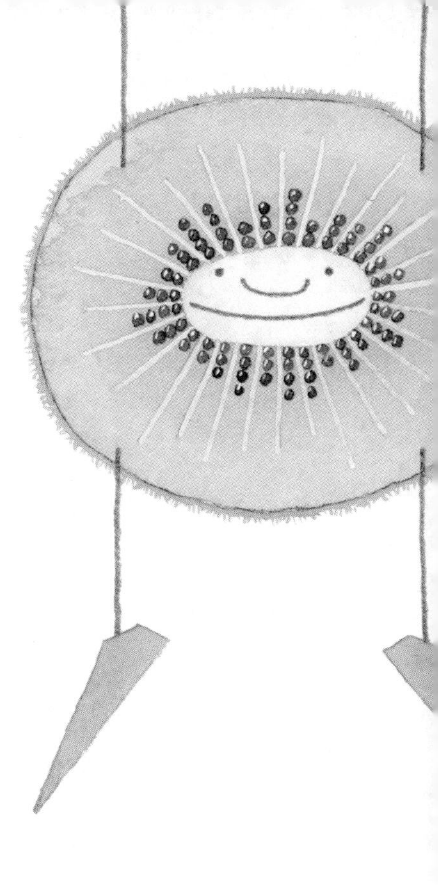

苹果葡萄干布丁米饭 ☺ ☹

布丁米饭口感绵软，刚开始宝宝添加辅食时，可以试试它。可以与水果浓汤（炖过的苹果或梨等）拌在一起或加入适量果干碎（杏干等）。

两份量

布丁米（短米），30克

全脂牛奶，300毫升

苹果，半个，去皮，压碎

无籽葡萄干，1大匙，切碎

枫蜜，1—2小匙

取一口小锅，倒入米和牛奶。煮开后盖上锅盖，文火炖30分钟，不时搅拌一下，直至大米煮熟，牛奶呈奶油状。取一口小的平底锅，放入苹果和无籽葡萄干，加入3大匙水。炖几分钟，炖至苹果变软。和枫蜜一同拌入大米里。

鲜果冰棍

这个时候的宝宝正在长牙，有时候牙龈酸痛得什么都吃不下。吮吸冷的东西能缓解酸痛，可以用水果浓汤（可混合果汁或酸奶）制成鲜果冰棍。甚至可以将水果冰沙或果汁直接倒入冰棍模具内。我列出了一系列适合给宝宝用的冰棍模具。

覆盆子西瓜冰棍 ❄ ☺ ☹

八根冰棍量

西瓜，1/4 个

覆盆子，60 克

糖粉，40—50 克

取出瓜瓤，去掉瓜籽。将西瓜和覆盆子搅拌均匀，过筛。视口味拌入糖粉。倒入冰棍模具内冷冻。

热带水果冰棍 ❄ ☺ ☹

八根冰棍量

大个儿芒果，1 个，去皮，去核，切丁（果肉约 350 克）

热带水果汁，180 毫升

糖粉，3 大匙

柠檬汁，1 大匙

把全部配料拌在一起，调匀。倒入冰棍模具内冷冻。

鲜果蘸酸奶 ☺☹

随着协调能力的提高，手指食品成了宝宝餐食的重要组成部分。刚开始的时候可以试试香蕉、桃、梨或草莓之类口感绵软的水果。也可以试试杏干或苹果干之类的果干。宝宝喜欢抓起水果块来蘸这款美味的酸奶。

一份量

各种水果，切块，要能让宝宝轻易握住

希腊酸奶，3大匙

牛奶，1小匙

糖粉，1小匙

柠檬凝乳，1大匙

将酸奶、牛奶、糖粉和柠檬凝乳拌匀，即为蘸酱。

杏干木瓜梨 ❄☺☹

杏干里富含β-胡萝卜素，可以与各种鲜果一同食用，也可以拌入酸奶里。我发现我家宝宝也喜欢嚼半干的苹果圈。苹果圈中间有个孔，很容易用手抓住。

四份量

即食杏干，50克

熟木瓜，1/2个，去皮，去籽，切块

汁水丰富的熟梨，1个，去皮，去核，切块

杏干放入小锅内，加入少量清水。煮开后转小火炖烂（8分钟左右）。杏干切细，拌入木瓜和梨。如果宝宝喜欢稀一点，就制成浓汤。

蔬菜

冬南瓜调味饭 ❄ ☺ ☹

菜饭很好吃，也很软烂，所以很适合给宝宝吃。冬南瓜现在超市里也更容易买到，其中富含维生素 A。如果不用冬南瓜，还可以用南瓜代替。

四份量

洋葱，50 克，切块

黄油，25 克

印度香米，100 克

滚水，450 毫升

冬南瓜，150 克，去皮，切块

熟番茄，3 个（约 225 克），去皮，去籽，切块

切达奶酪碎，50 克

取一半黄油加热融化，放入洋葱炒软。放入香米继续翻炒，炒至洋葱和香米混合均匀。倒入滚水，盖上锅盖，大火煮 8 分钟。拌入冬南瓜，转小火，盖上锅盖，炖 12 分钟或炖至水分被全部吸收。

同时，另取一口小锅，加热使余下的黄油融化，放入番茄，翻炒 2—3 分钟。拌入奶酪，搅拌至融化。倒入煮熟的香米里搅拌均匀。如果宝宝已满周岁，可以视口味加入调料调味。

小扁豆蔬菜浓汤 ❄ ☺ ☹

小扁豆价格便宜，但富含蛋白质和大脑发育所需的铁，6 个月至 2 周岁之间的宝宝尤其需要。番茄泥是筛过的番茄——在超市里能买到瓶装的。

吃素食的宝宝初期添加的辅食与其他宝宝一样（婴儿米粉、水果和蔬菜浓汤等）。但对于 7 个月左右正需要补充蛋白质的宝宝来说，可以用小扁豆、鸡蛋或乳制品来替代肉类。

从非动物性食物里获取铁很不容易，所以最好能让宝宝食用富含维生素 C 的水果或果汁，这样可以促进铁的吸收。

六份量

植物油，1 大匙

洋葱或韭葱，50 克，切细

胡萝卜，100 克，去皮，切块

芹菜，15 克，切段

小红扁豆，50 克

红薯，250 克，去皮，切块

番茄泥，200 毫升

切达奶酪碎，50 克

植物油烧热，放入洋葱、胡萝卜和芹菜翻炒 5 分钟。沥干小扁豆，倒入锅内，再放入红薯，翻炒 1 分钟。加入番茄泥和 1 大匙清水。盖上锅盖，煮 30 分钟左右。离火，拌入奶酪，搅拌至融化。用搅拌机搅打成浓汤。

多彩砂锅 ❄ ☺ ☹

宝宝喜欢这些色彩鲜亮的蔬菜和小巧的分量。吃的时候会觉得很有趣，也能同时增强手指的协调性。

四份量

橄榄油，1 大匙

大葱，1 根，去皮，切细

红椒，40 克，切丁

冻豌豆，100 克

冻玉米，100 克

蔬菜高汤（见 38 页）或清水，120 毫升

油锅烧热，放入大葱和红辣椒，翻炒 3 分钟。放入豌豆和玉米，倒入蔬菜高汤。煮开后盖上锅盖，炖 3—4 分钟。

美味糙米 ❄ ☺ ☹

要是想给宝宝吃颗粒状的食物，可以让宝宝吃米饭。也可以用白米来替代糙米。

六份量

糙米，50 克

植物油，1 大匙

胡萝卜，75 克，去皮，碾碎

番茄，75 克，去皮，去籽，切块

切达奶酪碎，40 克

按照包装上的说明将大米煮至软烂（约 30 分钟）。同时油锅烧热，放入胡萝卜，翻炒 3 分钟。放入番茄，继续翻炒 2 分钟。把米沥干，放入胡萝卜和番茄。拌入奶酪碎，文火煮 1 分钟，直至奶酪融化。

奶酪酱蔬菜 ❄ ☺ ☹

六份量

花菜，100 克，切成小朵

胡萝卜，1 根，去皮，切薄片

冻豌豆，50 克

小胡瓜，100 克，切片

奶酪酱

植物黄油，25 克

中筋面粉，2 大匙

牛奶，250 毫升

切达奶酪碎，50 克

花菜和胡萝卜上锅蒸 6 分钟，放入豌豆和小胡瓜，继续蒸 4 分钟。如果是给小宝宝吃，一定要蒸烂。

同时，按书上前面的方法来制作奶酪酱（见 67 页）。蔬菜上淋上奶酪酱，用叉子或搅拌机制成泥状，或打成浓汤。

红薯菠菜泥 ☺ ☹

三至四份量

大个儿红薯，1 个（约 375 克）

大个儿土豆，1 个（约 200 克）

中等大小的胡萝卜，1 根（约 75 克）

菠菜叶，60 克，洗净

黄油，1 块

牛奶，1 大匙

切达奶酪碎，40 克

将红薯、土豆和胡萝卜去皮，切块，放入锅内，倒入滚水。煮至蔬菜变软（约 15 分钟），或把蔬菜蒸软。沥干蔬菜。把菠菜放入平底锅内翻炒 2 分钟。所有蔬菜里拌入黄油、牛奶和奶酪，捣碎成泥。

鱼类

手指鳎鱼 ☺☹

手指鳎鱼是很好的手指食品，婴幼儿很爱吃。可以直接吃，也可以蘸着自制的番茄酱吃。只需要准备 3 条鳎鱼（去皮）、几个番茄（去籽）、1 根大葱、1 大匙番茄浓汤、1 中匙牛奶和 1 小匙鲜罗勒碎一起制成浓汤即可。

自制的“手指鱼”比市面上添加了许多色素和添加剂的鱼肉要好很多。要是一顿吃不完，最好在烹制之前就放入冰箱冷冻。下次再做时，只需要拿出足量鱼肉就可以做成新鲜的一餐了。

如果是用黑线鳕或鳕鱼，可以在外面裹上一层碾碎的玉米片，味道更佳。

八份量

大葱，1 根，去皮，切细
植物油，1 大匙
鸡蛋，1 个
中筋面粉
柠檬汁，1 中匙
鳎鱼，1 条，去骨，去皮
牛奶，1 中匙
碾碎的玉米片
黄油或植物黄油，少量（用于煎炸）

把切细的大葱、柠檬汁和植物油拌在一起。把鱼肉放进去腌制 30 分钟（要是时间不够，可以省略这一步）。取出鱼肉。视整条鱼的大小，斜切成四五条。鸡蛋里倒入牛奶打散。鱼条分别裹上面粉、鸡蛋、牛奶和碾碎的玉米片。黄油或植物黄油烧热，放入鱼条煎至两面金黄。时间不宜太长，几分钟即可。

鲑鱼西兰花意面 ❄ ☺ ☹

这道食谱是牛津的凯特·汉克传授给我的。她参加了我与英国早教机构 Tumbletots 联合举办的一场名为“吃得好才能身体好”的烹饪大赛。这场比赛要求选手为挑食的宝宝设计一道食谱。凯特的经验是，始终保持乐观，别表现出对于宝宝饮食习惯的担忧，或者当面说宝宝“挑食”。宝宝要是相信自己吃的是各种健康食品，就会改正不良习惯。我发现这道菜既不费什么工夫，又很美味。此外，和罐装金枪鱼相比，罐装鲑鱼里还含有必需脂肪酸。

五份量

动物形状的意面，250 克

洋葱，50 克，切细

大蒜，1 瓣，压成蒜泥

黄油或植物油，少量

西兰花，225 克，切成小朵

罐装野生红鲑鱼，100 克，沥干，压碎

盒装淡奶油，142 毫升

帕尔马奶酪碎，50 克

新磨的黑胡椒粉，少量

按照包装上的说明将意面煮熟。取一口大锅，倒入黄油或植物油烧热，放入洋葱和大蒜炒软（约 3—4 分钟）。西兰花上锅蒸软（约 6 分钟）。洋葱里倒入煮熟的意面、鲑鱼、奶油和西兰花，加入少量黑胡椒调味。放入帕尔马奶酪，搅拌一下，使奶酪与奶油混合均匀。立即食用。

葡萄鳎鱼排 ☀ ☺ ☹

鳎鱼排和葡萄是黄金搭档。这道菜不费太多工夫，全家人都可以享用。

四份成人量

鳎鱼排，8 小条，去皮

盐和新磨的黑胡椒粉（1 周岁以上）

中筋面粉，2 大匙

黄油，25 克

小葱，1 大根（或 2 小根），切细

白葡萄酒醋，1 小匙

鱼高汤，150 毫升

浓奶油，100 毫升

香葱末，1 大匙

无籽白葡萄，115 克，切半，如果太大的话，分成 4 瓣

柠檬汁，1—2 小匙（调味用）

用少量盐和胡椒粉（可不加）擦一遍鱼身，再裹上一层面粉。取一口大煎锅，烧热后倒入黄油。当黄油起泡时，放入鱼肉，用中火每面煎上 2 分钟左右，煎至两面金黄。把鱼放入盘中保温。如果分 2 次煎鱼，就每次用一半的黄油。

接下来做酱汁。转成小火，放入小葱，翻炒 1 分钟，再倒入白葡萄酒醋。待蒸汽出现后倒入鱼高汤，煮开后，继续煮 2 分钟，直至汤汁减少一半。拌入奶油、香葱和葡萄。离火，加入 1 小匙柠檬汁调味。视口味可再加入少量柠檬汁。鱼肉淋上酱汁即可食用。

烤鱼包 ☺☹

鱼肉易熟。用微波炉可以很快做好，但这里我用烘焙纸将鱼肉包起来，放入烤箱里烤熟。

两份量

橄榄油，少量	鳎鱼或鲽鱼排，2条，去皮
盐和新磨的黑胡椒，少量（1周岁以上）	
香葱末，1/2小匙	柠檬，1片
黄油，1块	粗的小葱，1根，切细
冻豌豆，15克	熟奶酪，2大匙
牛奶，1—2小匙	帕尔马奶酪碎，2小匙

烤箱预热至200℃。烘焙纸上刷上一层油，把鱼放在中央。用少量盐和胡椒（可不用）调味，撒上香葱。把柠檬片放在鱼身上。用烘焙纸把鱼包起来（封口处可以用回形针别上）。烘烤8分钟，待鱼肉烤软。

同时，黄油放入锅内，放入小葱，翻炒1—2分钟。炒软后放入豌豆，继续翻炒1分钟，再放入熟奶酪，搅拌1—2分钟。待豌豆炒熟后，离火。

打开烘焙纸，扔掉柠檬。把鱼放入盘内，余下的柠檬汁倒入锅内。搅拌酱汁，视需要加入1—2小匙牛奶，使酱汁更顺滑。放入盐和黑胡椒调味（1周岁以上）。

如果是给小宝宝吃，可以把鱼肉、豌豆和酱汁搅打成泥或制成浓汤。也可以在酱汁里拌入2小匙帕尔马奶酪碎，这样就可以不用盐和胡椒调味。

与米饭或煮熟的土豆一同食用。

鲑鱼丸 ❄ ☺ ☹

当宝宝拒绝你用勺子喂食的时候，鲑鱼丸会是很营养的手指食品。如果宝宝不满周岁，就不要放盐和胡椒。

十个小丸子量

中等大小的土豆，1 个，带皮（约 150 克）

鲑鱼排，70 克

黄油，1 块

甜辣椒酱，1 小匙（可不加）

蛋黄酱，1/2 大匙

鸡蛋，1 个，打散

葵花籽油（用于煎炸）

柠檬汁，少量

小葱，2 根，切段

番茄酱，2 大匙

调味面粉，1 大匙

面包糠，50 克

盐和新磨的黑胡椒粉（1 周岁以上）

土豆放入盐水里煮 25—30 分钟。用餐刀去戳的时候一戳即烂，就表示已经煮好。沥干土豆，待不烫手后去皮，压制成土豆泥。

鲑鱼放入微波炉内，放入柠檬汁和黄油，高火转 2—3 分钟。鱼肉切片，放入盘中，晾凉。土豆里拌入小葱、辣椒酱（可不加）、番茄酱、蛋黄酱，再加入盐和胡椒调味。酱料要拌入鱼片中间，小心尽量不要把鱼肉弄得太碎。

取 1/2 大匙混合物，捏成球形。再把余下的都捏成一个个小球。每个小球依次裹上一层调味面粉、一层蛋液和一层面包糠。

取一口不粘锅，将葵花籽油烧热，把鱼丸放入锅内炸 2—3 分钟。也可以将 2 大匙油烧热，放入鱼丸煎一下，但这样煎出来的鱼丸可能不太圆。

鸡肉

鸡肉苹果丸 ❋ ☺ ☹

我们全家都爱吃。鸡肉丸里加入苹果碎，美味马上升级。小宝宝更爱吃，不管是趁热吃，还是放凉了吃。鸡肉苹果丸也是极好的手指食品。

二十个鸡肉丸量

淡味橄榄油，2 小匙

洋葱，1 个，切细

大个儿青苹果，1 个，去皮儿，切碎

鸡胸肉，2 大份，剁碎

鲜欧芹碎，1/2 大匙

鲜百里香或鼠尾草碎，1 大匙（或少量混合干香草碎）

冷冻鸡高汤，1 冰格，碾碎（1 周岁以上）

现制的白面包糠，50 克

盐和新磨的胡椒粉（1 周岁以上）

中筋面粉（用于裹粉）

植物油（用于煎炸）

平底锅内倒入橄榄油烧热后，放入半个分量的洋葱翻炒 3 分钟左右。用手挤出苹果碎里的少量水分。苹果里放入煮熟的鸡肉、余下的生洋葱、香草、冷冻鸡高汤（1 周岁以上）和面包糠，放入食品料理机里搅打几秒钟。用少量盐和胡椒调味（1 周岁以上）。

用手捏成约 20 个小丸子，裹上面粉，放入锅内油炸 5 分钟左右，待炸熟且两面金黄后即可出锅。

锤锤鸡 ❋ ☺ ☹

之所以叫这个名字，是因为我儿子喜欢拿肉锤帮忙把鸡肉锤松。要是想提前准备这款鸡肉手指食品，可以把每条鸡肉分别包好（在下锅油炸前），放入冰箱冷冻起来。每次从冰箱里取出一两条下锅油炸，这样每次制成的鸡肉手指食品都是新鲜的。

八份量

鸡胸肉，2份，去骨，去皮

帕尔马奶酪碎，1.5大匙（可不加）

中筋面粉（用作裹粉）

植物油

面包，3片，去掉外面的硬皮

鲜欧芹碎，1大匙（可不加）

鸡蛋，1个，打散

用油纸把鸡肉包裹起来，用肉锤或擀面杖使劲敲打，然后把每块鸡胸肉纵向切成4条。把面包片投进食品料理机里制成面包糠。要是用到帕尔马奶酪和欧芹的话，就将它们放入碗中与面包糠一起搅拌均匀。

在鸡肉上依次裹上一层面粉、一层蛋液和一层面包糠。放入锅里油炸，每面炸3—4分钟，炸至外黄里熟。用厨房纸把多余的油吸干即可食用。

玉米片鸡肉 ❋ ☺ ☹

玉米片是万能配料。我常在鸡肉和鱼肉外裹上一层玉米片而不是面包糠。这样的鸡肉条是很好的手指食品。在下锅前，可以把鸡肉条分别包好冷冻。

三至四份量

鸡蛋，1个，打散

牛奶，1大匙

玉米片，25 克，碾碎

鸡胸肉，1 大份，去皮，去骨，切成 8 条左右

黄油，15 克，加热使融化

把鸡蛋和牛奶倒入一只浅盘里。另取一只盘子，把碾碎的玉米片铺在盘底。鸡肉条外依次裹上一层蛋液和一层玉米片。烤盘内刷上一层油，放入鸡肉条，再把融化后的黄油淋在鸡肉上，转动烤盘，使鸡肉均匀沾上黄油。放入预热至 180℃的烤箱，每面分别烘烤 10 分钟左右，直至烤熟。也可以在锅内放入植物油烧热，把鸡肉条倒入油锅内翻炒，待炒熟且表面上色后即可出锅。

鸡肉夏蔬汤 ❄ ☺ ☹

红薯、苹果汁和豌豆都有股天然的甜味，宝宝很喜欢。大蒜和罗勒加重了口味，这很重要，因为宝宝周岁前，餐食里不能加盐。

五份量

小个儿洋葱，1 个，切片

橄榄油，1.5 大匙

鸡胸肉，1 份（约 125 克），切成小块

鸡高汤，175 毫升（见 76 页）

红薯，200 克，去皮，切块

小个儿甜红椒，1/2 个，去籽，切细

大蒜，1 瓣，压成蒜泥

苹果汁，2 大匙

中等大小的小胡瓜，1 个（约 100 克），切块

冻豌豆，50 克

锅内倒入橄榄油烧热，放入洋葱和甜椒炒软。放入大蒜，翻炒 1 分钟。放入鸡肉，翻炒 3—4 分钟。倒入苹果汁和高汤，拌入小胡瓜和红薯。煮开后盖上锅盖，炖 8 分钟左右。拌入豌豆，继续煮 3 分钟。搅打成浓稠适宜的汤。

鸡肉冬蔬汤 ❄ ☺ ☹

这道汤不费太多功夫就能制成，有一股浓浓的鸡香味。

六份量

鸡胸肉，1 份，带骨，去皮	面粉，少量
植物油	韭葱，1 根，只留葱白，洗净，切细
小个儿洋葱，1 个，去皮，切细	胡萝卜，3 根，去皮，切片
芹菜梗，1 根，去掉头尾，切细段	鸡高汤，400 毫升（见 76 页）

鸡胸肉切成 2 大块，每块都裹上一层面粉，沾上少许植物油，静置 3—4 分钟。取一口炒锅，倒入少量油烧热，放入韭葱和洋葱翻炒 5 分钟，炒至软烂且色泽金黄。把鸡肉放在焙盘上，并放入所有蔬菜，倒入鸡高汤。放入预热至 180℃的烤箱内烘烤 1 个小时，中间翻一下面。

取出鸡肉，去骨，将鸡肉和蔬菜切成小块。也可以将鸡肉和蔬菜一起倒入婴儿食品研磨机或搅拌机内，加入适量汤水，搅打成浓汤。

粗麦粉炖鸡 ❄ ☺ ☹

四份量

黄油，15 克	洋葱，25 克，切细
冻豌豆，25 克（煮熟）	鸡高汤，175 毫升（见 76 页）
速熟粗麦粉，65 克	熟鸡丁，50 克

炒锅烧热使黄油融化，放入洋葱，翻炒至变软但还没有上色。放入豌豆，倒入鸡高汤，待煮开后再继续煮 3 分钟。拌入粗麦粉，离火，盖上锅盖，焖 6 分钟。用叉子将粗麦粉搅松，拌入鸡丁。

红肉

牛肉焗胡萝卜 ❄ ☺ ☹

烹制美味佳肴的秘诀是将肉长时间地烹制，这样肉质就会很烂，放入洋葱和胡萝卜使其味道更加醇厚。如果是给学步期的小宝宝吃，可以多放些马麦脱酸制酵母。

十份量

中等大小的洋葱，2根，去皮，切片

植物油

瘦的炖牛肉，350克，四周切齐整，再切成小块

中等大小的胡萝卜，2根，去皮，切片

冷冻牛肉汤，1冰格，碾碎，或马麦脱酸制酵母，1小匙（1周岁以上）

鲜欧芹碎，1大匙

清水，600毫升

大个儿土豆，2个，切成4块

锅内倒入少量植物油烧热，放入洋葱，炸至金黄。倒入牛肉，煎至色泽变深。把肉和洋葱都放在一个小焙盘上，加入除土豆之外的所有配料。放入预热至180℃的烤箱内，盖上盖子，烘烤30分钟，然后转小火，在160℃下继续烘烤2.5小时。在1.5小时的时候，放入土豆。

倒入食品料理机或搅拌机内打散，这样宝宝就容易嚼了。要是在烘烤的过程中，肉质太干，就加入少量清水。这道菜里也可以放入蘑菇和番茄换个口味，但需提前30分钟放入。

美味牛肝焙盘 ❋ ☺ ☹

肝脏很适合给宝宝吃。肝脏易消化，富含铁，且很容易烹制。我得承认，我在学校里被强迫吃肝脏的时候，并不喜欢那股味道，但我1周岁的儿子居然爱极了它，这让我大吃一惊。这道菜可以与土豆泥一同食用。

四份量

牛肝，100克，四周切齐整，再切片

植物油，2大匙

小个儿洋葱，1个，去皮，切片

大个儿胡萝卜，1根，或中等大小的胡萝卜，2根（约125克），去皮，切块

鸡高汤或蔬菜高汤，200毫升（见38页和76页）

中等大小的番茄，2个（约200克），去皮，去籽，切块

鲜欧芹碎，1中匙

锅内倒入1大匙油烧热，放入牛肝翻炒，炒至上色后盛出备用。余油放入锅内烧热，放入洋葱翻炒2—3分钟。倒入高汤，煮开后盖上锅盖，小火炖15分钟左右。牛肝放入平底锅内，倒入番茄和欧芹，煎3分钟左右。既可以与土豆泥一同食用，也可以倒入搅拌机内略微搅打几秒钟，制成浓汤。

美味小牛肉焙盘 ❋ ☺ ☹

这道美食由小牛肉、蔬菜和新鲜香草制成——如果增加食材的用量，全家人都可享用。

三份量

葵花籽油，1大匙

大个儿洋葱，1个，去皮，切细

大个儿胡萝卜，1根，去皮，切丁
芹菜梗，半根，切丁
冬南瓜，50克，去皮，切丁
瘦的小牛肉，100克，切成小块
鲜带叶迷迭香，1枝
鲜带叶欧芹，1枝
清水或不加盐的鸡高汤，200毫升

油锅烧热，放入洋葱、胡萝卜和芹菜，煸炒3—4分钟。放入冬南瓜和小牛肉，煎炸4分钟。加入香草和清水（或高汤）。煮开后盖上锅盖，文火炖1个小时。取出香草，余下的放入食品料理机内略微搅打一下。

牛排特餐 ❄ ☺ ☹

宝宝刚开始吃红肉的时候一定会喜欢这道牛排。

四份量

土豆，1个（约225克），去皮，切块
大葱，1根（或洋葱，25克），去皮，切细
植物油，1大匙
牛排，100克
双孢蘑菇，50克，洗净，切块
黄油，15克
番茄，1个，去皮，去籽，切块
牛奶，2大匙

土豆煮软后沥干。锅内倒入植物油烧热，放入大葱炒软。把一半大葱舀到锡纸上。牛排切成1厘米厚的肉片，置于大葱上。余下的大葱铺在牛排上。将牛排放入预热好的烤架下，每面烘烤3分钟，待其烤熟。锅内倒入一半的黄油烧热，放入双孢蘑菇翻炒2分钟后，放入番茄块，继续翻炒1分钟。土豆里拌入牛奶和余下的黄油，压成土豆泥。牛排与大葱、蘑菇和番茄一同搅打一下或制成浓汤，再与土豆泥拌匀。

迷你乡村派 ❄ ☺ ☹

我小时候，冬季的晚上，乡村派一直是大家最爱的“温暖牌食品”。如果是做给宝宝吃，我会把肉放入食品料理机里搅打一下，这样肉质更为松软。如果是给周岁以上的宝宝吃，可以加入少量盐和胡椒调味。可以用小蛋糕碟来分装。当没有时间烘烤的时候，可以把暂时吃不完的放入冰箱里冷冻。

三份量

胡萝卜，100 克，去皮，切块
橄榄油，1 大匙
红椒，25 克，去核，去籽，切丁
瘦的牛绞肉，175 克
番茄浓汤，2 小匙
黄油，15 克
鸡蛋，1 个，打散
土豆，225 克，去皮，切块
小个儿洋葱，1 个，去皮，切块
大蒜，1 小瓣，去皮，压成蒜泥
鲜欧芹碎，1 大匙
鸡高汤，100 毫升（见 76 页）
牛奶，1 大匙

胡萝卜放入锅内，倒入滚水，煮 5 分钟后，放入土豆，继续煮 15 分钟。

油锅烧热，放入洋葱和红椒，翻炒 3—4 分钟。放入大蒜，翻炒 1 分钟。放入牛绞肉，翻炒至颜色变深。然后把炒好的肉放入食品料理机里搅打 30 秒钟，使肉质更细一些。再往油锅内倒入欧芹、番茄浓汤和鸡高汤，煮开后盖上锅盖，炖 5 分钟左右。土豆和胡萝卜炖熟后，沥干水分，加入黄油和牛奶，压成泥状。

把牛肉舀至 3 个小蛋糕碟（直径约 10 厘米）内，淋上土豆泥和胡萝卜泥，刷上少量蛋液，放入预热至 180℃的烤箱，烤热后转入预热好的烤架下继续烘烤，直至微微泛出金黄色。

美味牛肉蔬菜饭 ❄ ☺ ☹

八份量

洋葱，半个，去皮，切细

胡萝卜，65 克，切细

大蒜，1 小瓣，压成蒜泥

罐装番茄块，400 克

植物油，1 大匙

瘦的牛绞肉，225 克

喼汁（又称英国黑醋或辣酱油），几滴

米饭

印度香米，50 克

鸡高汤，300 毫升（见 76 页）

小个儿红椒，半个，去籽，切细

冻豌豆，50 克

香米淘洗干净，放入锅内，倒入鸡高汤。煮开后盖上锅盖，炖 10 分钟。放入红椒，揭开锅盖继续煮 5 分钟。放入豌豆，煮 2 分钟，待米饭煮软，汤汁全部渗入米饭，即可关火。

平底锅锅内倒入植物油，放入洋葱和胡萝卜，翻炒 5 分钟。放入大蒜，翻炒 1 分钟。放入牛绞肉，不停翻炒，直至色泽变深。牛肉倒入食品料理机内搅打 30 秒钟，这样宝宝就能嚼动了。然后把牛肉倒回平底锅内，加入番茄和喼汁。转小火翻炒 10 分钟。拌入蔬菜和米饭，继续翻炒 3—4 分钟。

意面

五彩贝壳意面 ❄ ☺ ☹

很多人问我，该选择什么样的小块意面。我整理出了一系列迷你有机意面，从不含面筋的星星意面到有机的迷你贝壳意面，还有有趣好玩的动物意面和字母意面等。五彩贝壳意面可以与多种蔬菜一同食用——豌豆和西兰花都是极好的配菜。

二至三份量

黄油，15 克

胡萝卜，40 克，去皮，切丁

小胡瓜，40 克，去掉头尾，切丁

中等大小的番茄，1 个（约 40 克），去皮，去籽，切块

小块意面（比如迷你有机贝壳意面，见 208 页），60 克

淡奶油，3 大匙

帕尔马奶酪碎，30 克

锅底加热使黄油融化，倒入胡萝卜翻炒 3 分钟。放入小胡瓜，文火煮 8 分钟。放入番茄，再煮 1 分钟。

滚水里倒入意面，煮 6 分钟。沥干意面，放入蔬菜搅拌。离火后，拌入奶油和帕尔马奶酪碎。

肉酱茄子 ❄ ☺ ☹

十二份酱汁量

中等大小的洋葱，1 个，去皮，切块

大蒜，1/4 瓣，去皮，切块

植物油（用于煎炸）

瘦的牛绞肉或羊绞肉，450 克

番茄浓汤，2 大匙

番茄，4 个，去皮，去籽，切块

混合干香草，1/4 小匙

中筋面粉，2 大匙

鸡高汤，450 毫升（见 76 页）

茄子，1 个，去皮，切片

蘑菇，100 克，洗净，切片

油锅烧热，放入洋葱和大蒜翻炒至变软。放入牛肉或羊肉，翻炒至色泽变深。将炒好的肉放入食品料理机内搅打一下，再倒回平底锅内。倒入番茄浓汤和鸡高汤，放入番茄、干香草和面粉。煮开后炖45分钟。茄子放入油锅内炸至金黄。用厨房纸不停按压，吸干余油，放入食品料理机内搅打。蘑菇放入油锅内翻炒后，与茄子一起倒入肉酱里。

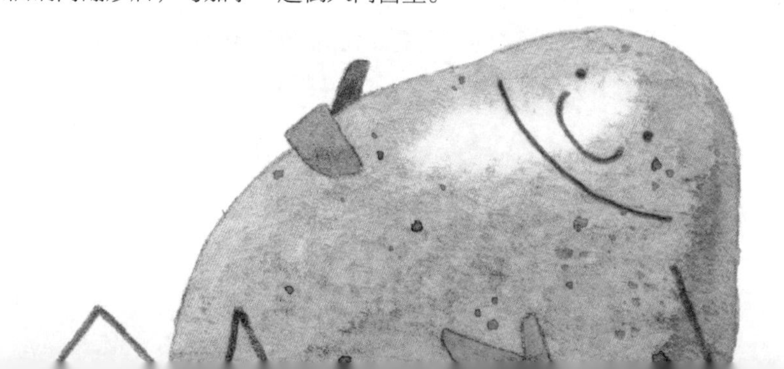

隐形蔬菜肉酱贝壳意面 ☼☺☹

这里用到以番茄为主要食材的美味酱汁，还有五种其他蔬菜。

八份量

橄榄油，2 大匙

小个儿红皮洋葱，1 个，切细

韭葱，1 小根，切细

蘑菇，3 个，切片

胡萝卜，1 个，压碎

芹菜，1 根，切丁

大蒜，1 瓣，压成蒜泥

牛肉或鸡肉高汤，150 毫升（见 76 页）

牛绞肉，250 克

罐装番茄块，2 罐（每罐 400 克）

番茄浓汤，3 大匙

晒干的番茄泥，1 大匙

迷你贝壳意面，1 袋，250 克

平底锅内加入 1 大匙橄榄油烧热，放入洋葱翻炒 3 分钟。放入韭葱、蘑菇、胡萝卜和芹菜，翻炒 7 分钟。放入大蒜，翻炒 1 分钟。倒入一半的高汤，炖 10 分钟之后，放入食品料理机内，略微搅打一下。余下的橄榄油倒入一口大煎锅里烧热后，倒入牛绞肉翻炒 5 分钟，炒至色泽变深，用叉子或木勺子轻易就能分开。倒入番茄块、番茄浓汤、番茄泥和余下的高汤，继续煮 10 分钟。放入打碎的蔬菜，继续煮 2 分钟。

按照包装上的说明将意面煮熟。沥干，淋上之前做好的酱汁。

鸡肉西兰花贝壳意面 ❄☺☹

两份量

西兰花，40 克，切成小朵

黄油，15 克

面粉，15 克

牛奶，150 毫升

格吕耶尔奶酪碎，30 克

帕尔马奶酪碎，3 大匙

马斯卡彭奶酪，3 大匙

贝壳意面，40 克

熟鸡肉，30 克，切丁

西兰花上锅蒸 4—5 分钟，蒸至软烂。另取一口平底锅，锅底加热使黄油融化，拌入面粉，煮 1 分钟。慢慢加入牛奶，转小火煮 5 分钟，并不停搅拌。待酱汁变稠后，关火，拌入格吕耶尔和帕尔马奶酪，搅拌至奶酪融化，然后拌入马斯卡彭奶酪。

按照包装上的说明将意面煮熟。沥干，淋上鸡肉、西兰花和奶酪酱。

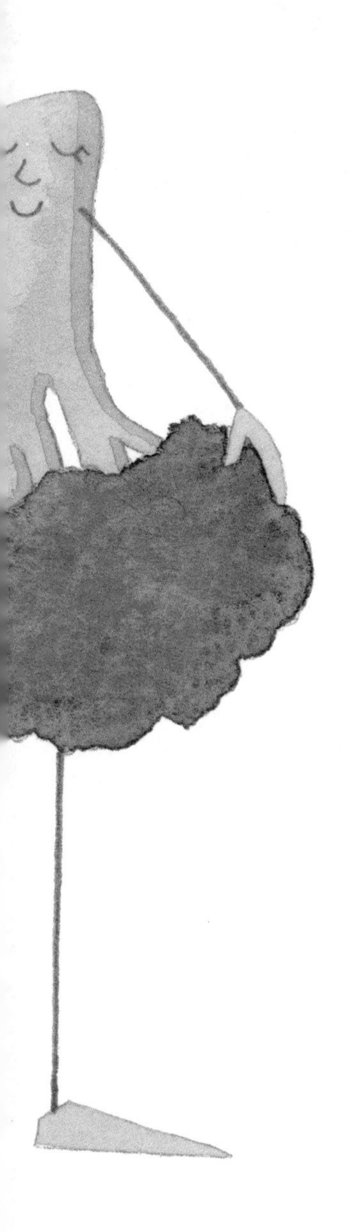

蔬菜酱星星意面 ❋ ☺ ☹

这款意面里的新鲜番茄酱十分美味，而且有蔬菜和奶酪，比普通番茄酱更有营养。

两份量

中等大小的胡萝卜，1 根，去皮，切片

花菜，100 克，切成小朵

星星意面或其他形状的迷你意面，3 大匙

黄油，25 克

熟番茄，300 克，去皮，去籽，切块

切达干酪碎，50 克

胡萝卜片放入蒸锅内，倒入滚水，中火煮 10 分钟。花菜放在蒸笼上（胡萝卜仍在锅里），盖上锅盖，蒸 5 分钟，待蔬菜蒸软煮软。按照包装上的说明将意面放入滚水里煮熟。同时，炒锅加热使黄油融化，放入番茄翻炒 3 分钟左右，炒至出沙。在番茄里拌入切达奶酪碎，搅拌至融化。然后放入胡萝卜和花菜，倒入星星意面，拌匀。

9—12个月宝宝的一周食谱

	早餐	早间餐	午餐	午间餐	晚餐	睡前餐
第一天	果味瑞士燕麦片 杏干木瓜梨 加酸奶 母乳或配方奶	母乳或配方奶	鸡肉苹果丸 手指蔬菜 鲜果蘸酸奶 水	母乳或配方奶	手指三明治 手指蔬菜 果汁或水	母乳或配方奶
第二天	维他麦 奶酪抹吐司 水果 母乳或配方奶	母乳或配方奶	牛排特餐 苹果葡萄干米饭布丁 水	母乳或配方奶	**蔬菜酱星星意面** 熟奶酪 / 酸奶 果汁或水	母乳或配方奶
第三天	炒鸡蛋加吐司 白软奶酪加水果 母乳或配方奶	母乳或配方奶	**鲑鱼丸** **鲜果冰棍** 水	母乳或配方奶	**美味糙米** 水果 果汁或水	母乳或配方奶
第四天	**最爱吃的煎饼** 水果 母乳或配方奶	母乳或配方奶	**迷你乡村派** 水果 水	母乳或配方奶	**奶酪酱蔬菜** **苹果黑莓** 果汁或水果	母乳或配方奶

	早餐	早间餐	午餐	午间餐	晚餐	睡前餐
第五天	**法国吐司切片** **杏干苹果** **梨卡士达** 母乳或配方奶	母乳或配方奶	**锤锤鸡** **美味糙米** **鲜果蘸酸奶** 水	母乳或配方奶	**冬南瓜调味饭** 水果 果汁或水	母乳或配方奶
第六天	**夏日水果燕麦片** 酸奶加果干 母乳或配方奶	母乳或配方奶	**隐形蔬菜肉酱贝壳意面** **苹果黑莓** 水	母乳或配方奶	**手指鳎鱼** 手指蔬菜 **鲜果冰棍** 果汁或水	母乳或配方奶
第七天	**奶酪炒蛋** 手指吐司 酸奶	母乳或配方奶	**粗麦粉炖鸡** **鲜果蘸酸奶** 水	母乳或配方奶	**小扁豆蔬菜浓汤** 奶酪条 **葡萄干烤苹果** 果汁或水	母乳或配方奶

第五章

学步期的宝宝

我发现，1 周岁以上学步期的宝宝向往独立，想自己吃饭。宝宝用叉子和勺子越多，就能越快学会自己吃饭——你怎么都弄不明白，宝宝是怎么把某些食物弄到嘴里的。可以给宝宝围上“大嘴鸟”围嘴——一款结实的围嘴，底部有托盘，能接住掉下来的食物。要是学步期的宝宝还不会用勺子，就给宝宝一些手指食品，如炸鱼片或蘸酱吃的生蔬菜。但同时得特别小心，别让宝宝抓到橄榄、坚果或鲜荔枝。学步期的宝宝看到什么都往嘴里塞，非常容易被噎住。

一同进食

学步期的宝宝胃口很小，吃饭的时候常常吃得不多，不能满足每日高运动量所需，因此应该保证定时供应宝宝一日三餐和零食。冰箱里可以空出一层，放些生蔬菜和蘸酱之类的健康零食，如鹰嘴豆泥、奶酪条和各种鲜果。要想知道如何做健康零食，可以看看我的那本《课余食谱》。如果宝宝在学步期养成了吃健康零食的习惯，他往往会保持下去。但禁止宝宝吃糖和巧克力饼干也不对，因为宝宝会因此反而很想吃，一旦有机会，就会吃得住不了口。

许多宝宝爱吃我们意想不到的复杂食品，比如我女儿 2 岁时喜欢吃橄榄。地方风味的食品如炒面或鸡蛋炒饭往往会很受欢迎。可以购买为幼儿特制的筷子，就是那种顶部相连的筷子，宝宝用这样的筷子吃起食物来会觉得很有趣。别吃将鸡肉裹在面包糠里炸的垃圾食品。鸡肉可以浸泡在酱汁里，酱汁的做法可参考泰式鸡肉面或加香烤鸡（见 172 页和 174 页）。要是不想自己做酱汁，超市里有各种美味的浸泡酱汁，一定能让宝宝的食物味道十足。让宝宝尝尝你盘子里的食物，宝宝喜欢的味道可能会让你大吃一惊。爸爸妈妈吃的当然比宝宝自己吃的东西更有趣，有时候，你可以把宝宝的食物放在自己的盘子上，引诱宝宝来吃。这一阶段的宝宝应该能吃大人吃的大部分东西了。我认为应该尽早给宝宝吃“大”餐，下面列出的食谱全家人几乎都能享用。要和宝宝一起吃饭，不要只是坐在那里，往宝宝嘴里塞吃的。和你一起吃饭，宝宝会吃得更开心——谁喜欢一个人吃饭呢？

试着改改你的饮食习惯，比如少加盐和糖，

让宝宝和你一起定食谱、选食材和做饭菜。当然不可能每天如此，但如果经常这样，宝宝就会很爱吃没吃过的东西。

我家宝宝怎么都不肯吃!

有的宝宝看到洋葱和拌入绿色蔬菜的番茄酱会不屑一顾，碰到这样的挑食宝宝，我知道许多父母都搞不定。我想宝宝不愿吃的时候，父母不该大呼小叫——只说声“随你”，但饭点之间别给宝宝吃任何东西。要是从你这里得不到回应，宝宝很快就会觉得无趣。你会吃惊地看到，宝宝真饿了的时候，就不会那么挑食了。我会忽视宝宝的拒绝行为，但当宝宝开始尝试着去吃的时候，不住口地夸奖——即使只咬下一小口，也要不吝赞美之词。可以做个表格，宝宝每吃一种新的食材或一道新菜，就添上一颗小星星。当小星星累积到一定数量之后，就给他一个奖品。

要是你家宝宝挑食，也别慌，好多宝宝都这样。宝宝即使只吃一丁点儿也不会饿出病来。他们同时还反复无常——今天吃什么吃得好好的，明天可能就不肯吃了。有时候吃得很多，有时候又几乎什么都不吃。如果你监控过宝宝一整周的食量，那么即使有一天宝宝什么都不肯吃，你也不会太担心了。

饭点间的零食往往会让宝宝变得挑食。尽量别买巧克力饼干和薯片，而是选择迷你三明治、果干或健康麦片之类的健康食品。

看看是不是宝宝喝的东西有问题。宝宝的饮品会对胃口有很大影响。要给宝宝喝纯果汁和纯冰沙，别给他喝果汁饮料，果汁饮料里纯果汁的含量常常低于10%，还含有人造甜味剂、人造香料和人造色素，此外还添加了糖分——有时一杯饮料里至少含有6小匙糖。饮用水最能解渴，而且它还安全、便宜、零热量。

用鲜亮的包装纸和漂亮的彩带装饰起来的礼物会比棕色卡纸箱里的礼物更加吸引人。我们端给宝宝吃的食物也是一样。可以把一个外表普通的花生酱三明治切成心形或泰迪熊的形状，这样宝宝就无法抗拒了。别把所有水果放在一个果碗里，把小块水果串在扦子上或吸管上，或者制成水果浓汤后倒入冰棍模具内冷冻。

盘子上别堆满食物——最好让宝宝没吃饱自己要吃的。学步期的宝宝喜欢分装的食物，最好是做成迷你型的。

要让宝宝吃下从来没吃过的东西，这的确不易——我的 3 个孩子里有 2 个都很挑食，所以我试遍了所有招数。请不挑食的孩子来家里喝下午茶是一招必杀技。无论如何要避免正面冲突——蒙上宝宝的眼睛，然后让宝宝从一堆食物里猜这是什么，其中有些是吃过的，有些没吃过，这样把“奇怪”的食物变为一场游戏，岂不是更好？

选择食物

5 周岁以下的宝宝需要从饮食里摄入相当量的脂肪，其占体重的比例相比成人更高，除非你家宝宝超重。别给宝宝吃低脂的食物。全脂食品如奶酪或全脂酸奶为宝宝的成长提供了必需的能量。当然也有例外，超重宝宝的脂肪摄入应该被严格控制，要少喂精加工和脂肪含量高的食品，多喂低脂乳制品。

宝宝周岁以后，就可以用牛奶取代配方奶给宝宝喝，但 2 周岁前别给宝宝喝半脱脂牛奶，因为其中卡路里含量不高，不能满足宝宝成长所需。5 周岁前都别给宝宝喝脱脂牛奶。1 周岁以上的宝宝每日需要摄入 400 毫升的全脂奶。如果宝宝特别挑食，可以在宝宝 2 周岁前食用过渡食谱（其中添加了维生素和铁）。

虽然越来越多的人不再吃红肉，而是转向了鱼肉和鸡肉，但要记住就铁和锌的含量而言，红肉比鱼肉和家禽都要高。试着用瘦的绞肉来

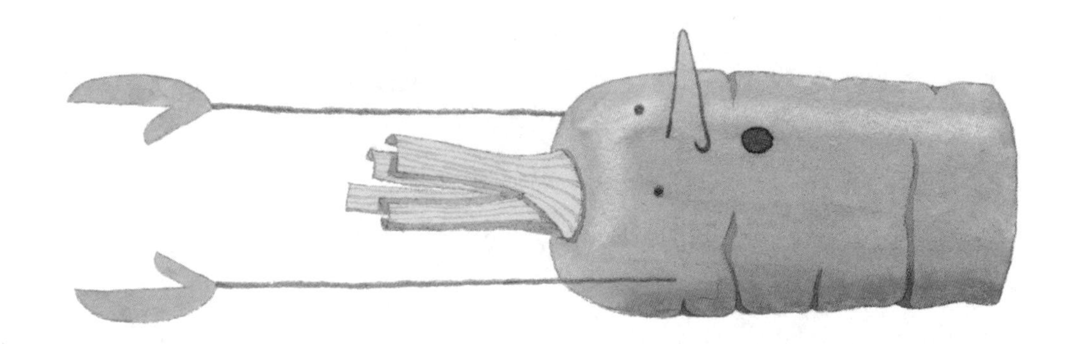

制作美食——有个妙招：把肉煮熟，放入食品料理机内搅打一下，这样肉质就不会太柴。本书里有些很不错的食谱，教会你做牛肉汉堡、肉丸和迷你快熟牛排（见 180—183 页），这些食物全家人都可以享用。别给宝宝吃加工过的肉类，如香肠、腊肠和腌制的牛肉。

缺铁和贫血会引发宝宝的行为异常和注意力不集中。

要是打算让宝宝吃素食，或宝宝不喜欢吃肉，一定要确保宝宝的餐食里有奶酪和鸡蛋之类营养丰富的食品。别给宝宝吃太多全麦麦片和豆子之类的高纤维食品，宝宝的小肚子很快就会被撑饱，因而无法获得生长所需的足量能量和蛋白质。要是宝宝吃多样化的食物，素食也能提供所需的各种营养。每日要食用含铁的蔬菜，如绿色蔬菜、豆子、添加了多种矿物质的早餐麦片和果干。每顿饭里一定要有富含维生素 C 的食物或饮品，这样能帮助不吃肉的宝宝摄入铁元素。学步期的宝宝依然爱吃意面，可以将意面与蔬菜和金枪鱼等健康食品一同给宝宝食用。宝宝最容易吃下的是一块块的意面，比如通心粉或螺旋状的意面。（但我儿子尼古拉斯在 20 个月的时候却发明了一种吃细面条的方法——两只手揪着两头，从中间啃起！也许吃相不够文雅，但这个方法显然很管用。）

垃圾食品的替代品

宝宝摄入的 3/4 的盐和饱和脂肪都来自加工过的食品和快餐。因此许多宝宝吃下去的盐是标准的 2 倍。最好是自己来做健康的“垃圾食品”——试试我自创的美味牛肉汉堡或家常快餐比萨（见 180 页和 160 页）。

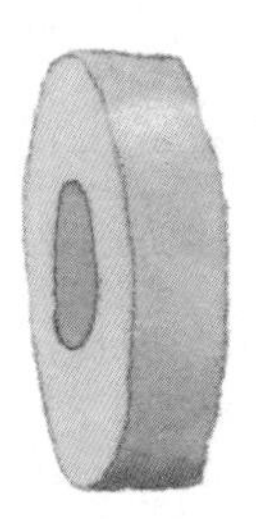

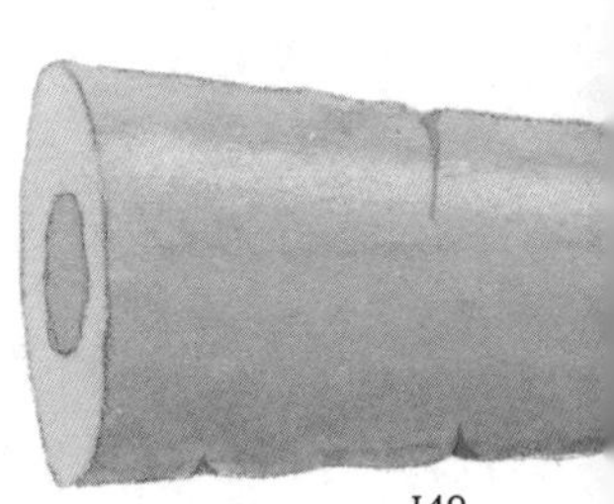

以下这些食物可用于替代“垃圾食品”：

糖衣早餐麦片	稀饭、维他麦或燕麦片
炸鸡块	烤盘烤鸡（见176页）或烤炉烤鸡（见173页）
手指鱼	鱼饼（见166页）或鲑鱼饼（见162页）
意面圈	隐形蔬菜番茄酱意面（158页）
香肠	番茄酱鸡尾酒肉丸（182页）或迷你快熟牛排（183页）
薯片	爆米花
果汁饮料	纯果汁

水果和甜点

本章里有许多冷热甜点，做来既不费工夫，又可全家享用。但最佳最好吃的还是长熟的鲜果，宝宝每日一定要吃足量的水果。水果烹煮之后，其中的维生素或营养物质也不会被破坏，水果还是很好的手指食品。

水果里富含强抗氧化剂和天然混合物（又叫做植物性化学物质），能增强免疫力，预防心脏病和癌症。癌症的发病率正在不断上升，约 1/3 的癌症都与我们的饮食有关。研究者预计，如果多吃蔬果少吃脂肪含量高和加工过的食品，再加上运动，癌症的发病率能降低 30%。

水果整个儿放在果碗里吸引不了饥饿的宝宝，但如果把鲜果切成小块，放在冷藏室的底层，或把小块水果串在扦子上，宝宝就不再会吃薯片或巧克力饼干了。

果干的营养价值很高，尤其是杏干，因为加工过程浓缩了营养物质。但饭点之间别给宝宝吃太多的果干，因为果干会沾在牙上，天然糖分会导致蛀牙。

猕猴桃、柑橘和浆果中富含维生素 C，能促进铁的吸收，因此一定要给宝宝吃这三种水果。可以在早餐麦片里放入鲜果或果干。也可以买个榨汁机，用鲜果自制冰沙。可以给宝宝喝纯果汁和冰沙，但要小心果汁饮料，因为其中的果汁含量常常只有 10%，所以每次都要注意看成分表。虽然果汁里富含维生素，但要记住，只有吃整个儿的水果才能摄入纤维质。

不同种类的水果里营养物质的含量不同，尽量让宝宝每种都吃一些。可以多吃点儿非本地的水果。一个猕猴桃里维生素 C 的含量比成人每日所需还要多。猕猴桃切成两半，放在蛋杯里，用小勺舀着吃是很好的零食。也可以用芒果、瓜球、菠萝加上鲜橙汁和西番莲果制成的酱汁做一份热带水果沙拉。

还可以用鲜果浓汤、酸奶、果汁或冰沙做健康美味的冰棍。冰棍模具很便宜，大概没有宝宝不爱吃冰棍，这样可以让宝宝多吃水果。

形形色色的冰激凌销往全世界。但有些冰激凌在质量上与自制的真材实料的冰激凌根本不能比。如果去买冰激凌，一定要买那种用天然原材料制成的。要是自己动手做的话，最好还是买台冰激凌机，可以一边搅拌一边冷冻。相信我，这台冰激凌机你可以用上好些年，宝宝在朋友来家里喝下午茶的时候会觉得很有面子的。

分量

本章里我会按照成人的食量标注。宝宝有个体差异，得根据宝宝的胃口调整分量。宝宝的饭量可以从成人的 1/4 到与成人相同，只要是饿极了、馋极了的时候！

食品添加剂，尤其是人造色素，据称会使宝宝过于活跃，还会诱发小儿多动症等问题。试着尽量自己做饭，以减少添加剂的含量。你也许会发现宝宝的行为有很大的改变。

超重的宝宝

在英国，超过 1/5 的 4 周岁以下儿童体重超重，1/10 的 6 岁儿童是肥胖儿。要是你家宝宝超重了，你应该与医生商量出一个减少卡路里摄入的最佳方法。选择健康食谱，而不要减少食用量。宝宝不应该挨饿。停止食用高糖、高脂和加工过的食物，多给宝宝吃新鲜的蔬果。给宝宝吃维他麦、稀饭或麸片之类的高纤维全麦麦片。给宝宝吃带皮的烤土豆而不是薯片，烤肉串和烤鸡而不是炸鸡块，直接吃鱼肉而不是在外面裹上一层面包糠。满 2 周岁的宝宝可以开始喝半脱脂的牛奶。

英国有超过 100 万的肥胖儿。有趣的是，90% 的垃圾食品都是由父母买给孩子吃的。

蔬菜

印尼蔬菜炒饭 ❄ ☺ ☹

学步期的宝宝喜欢吃米饭。要是不想让宝宝吃得太素，可以在米饭里拌入 170 克煮熟的虾肉或鸡肉。

四至六份量

大米，200 克

鸡蛋，3 个

大葱，2 根，切细

绵红糖，1 大匙

红椒，1/4 个，去籽，切丁

葵花籽油，2 大匙

酱油，1 小匙，另有 1 小匙食用时再添加

大蒜，1 大瓣，压成蒜泥

玉米尖，50 克，切成小薄片

冻豌豆，100 克

按照包装上的说明把大米煮熟。沥干后用冷水漂洗，放在一边待其再次沥干。

炒锅里放入 1 大匙油烧热。鸡蛋里加入 1 小匙酱油和 1 大匙清水打散后倒入炒锅，摊成一大张蛋皮。

用勺子或抹刀把蛋皮弄散，装入盘中。余油倒入锅内烧热，放入大葱翻炒 2—3 分钟，炒至开始上色。放入大蒜，翻炒 1 分钟后，加入红糖，继续翻炒 1—2 分钟，其间不停翻炒直至红糖溶化。放入玉米尖和红椒，继续翻炒 3—4 分钟，炒至玉米变软。放入米饭和豌豆，翻炒 3—4 分钟，炒至米饭烫手，豌豆解冻。拌入弄散的蛋皮，视口味淋上少量酱油。

素馅土豆泥饼 ❄ ☺ ☹

五个小碟量

冬南瓜，150 克（相当于 1/4 个中等大小的冬南瓜），去皮，切丁

橄榄油，1 大匙

大蒜，1 瓣，压成蒜泥

小红扁豆，50 克，洗净

番茄浓汤，2 大匙

糖，1 小匙

胡萝卜，1 根，去皮，切丁

香脂醋，1 大匙

罐装番茄，400 克，切块

晒干的番茄泥，1 大匙

蔬菜高汤，200 毫升（见 38 页）

菜肴浇头

土豆，500 克，去皮，切成大块

牛奶，5 大匙

黄油，15 克

切达奶酪碎，85 克

帕尔马奶酪碎，30 克

油锅烧热，放入胡萝卜和冬南瓜翻炒 10 分钟，炒至软烂。放入大蒜，加入香脂醋，继续翻炒 1 分钟。放入余下的食材和调料，煮开后炖 30—40 分钟，将扁豆和蔬菜炖至入口即烂，酱汁浓稠。盐水里放入土豆，煮 20 分钟，用餐刀轻轻一划能划开即可关火。沥干水分后，倒入牛奶和黄油，压成泥状，拌入切达奶酪和一半的帕尔马奶酪。把酱汁分到每个碟子里，淋上土豆泥，撒上余下的帕尔马奶酪碎。烤箱预热至 200℃，烘烤 20 分钟。如果需要放在冰箱里冷藏，就多烤 10—15 分钟，烤至中间起泡。

自创蔬菜汉堡 ❄ ☺ ☹

我家人非常喜欢这款汉堡，就连真正的素食主义者也爱吃。要是想将汉堡冷冻起来，最好先煎熟再放入盘内，再在盘上蒙上一层保鲜膜。待冻硬之后，在每个汉堡外裹上一层保鲜膜。可以随时从冰箱里取出食用。

八份量

中等大小的土豆，350 克，带皮
红皮洋葱，150 克，切细
胡萝卜，150 克，压碎
大蒜，1 瓣，压成蒜泥
酱油，1 大匙
现制面包糠，75 克
蛋黄，1 小个
葵花籽油（用于煎炸）
橄榄油，1.5 大匙
韭葱，150 克，切段
蘑菇，100 克，切丁
鲜百里香叶，1 小匙
格吕耶尔奶酪碎，40 克
蜂蜜，2 小匙
面粉（用作裹粉）
盐和新磨的黑胡椒粉

土豆上刺几个孔，放入微波炉里，高火转 10 分钟左右。或把带皮土豆放入平底锅内，加水煮 30 分钟后，放在一边晾凉。另取一口大炒锅，倒入橄榄油烧热，放入洋葱、韭葱、胡萝卜、蘑菇、大蒜和百里香，煸炒 10 分钟，偶尔翻动一下，炒至蔬菜变软。一定要炒得很干，再放在一边晾凉。

土豆去皮，用叉子稍稍压碎。放入晾凉的蔬菜与除面粉和油之外的所有配料，搅拌均匀后调味。揉成 8 个汉堡，放入冰箱冷藏 30 分钟。取出后，汉堡两面薄薄裹上一层面粉，放入油锅内，每面煎炸 3—4 分钟，炸至外表金黄，内里熟透。

焗饭 ☺☹

这道焗饭做来全不费工夫，不需要任何技巧。

四小份量

黄油，25 克
洋葱，1 小个，切细
大蒜，1 瓣，压成蒜泥
鲜百里香叶，半小匙
短粒米，150 克
白葡萄酒醋，1 大匙
热的鸡高汤或蔬菜高汤，450 毫升
冻豌豆，150 克
帕尔马奶酪碎，45 克
盐和新磨的黑胡椒粉
柠檬汁，半小匙

烤箱预热至 200℃。黄油放入炒锅或大煎锅内加热融化后，放入洋葱翻炒 4—5 分钟。再放入大蒜、百里香和大米，翻炒 2 分钟。倒入白葡萄酒醋，煮沸。倒入高汤调匀后，倒入烤盘内（容量约 1.5 升）。烤盘外裹上一层锡纸，烘烤 20—25 分钟，直至高汤全部被吸收，且米饭变软。从烤箱里取出后，拌入豌豆和帕尔马奶酪，重新裹上锡纸，静置 2—3 分钟，待豌豆焖透。（要是厨房里太冷，可以把烤盘放回烤箱里。）用盐和胡椒粉调味，食用前拌入柠檬汁。

焗饭本身就很好吃，也可以搭配烤鸡一同食用，或拌入 100 克煮熟的小虾、清蒸的鲑鱼片和煮熟的鸡丁。

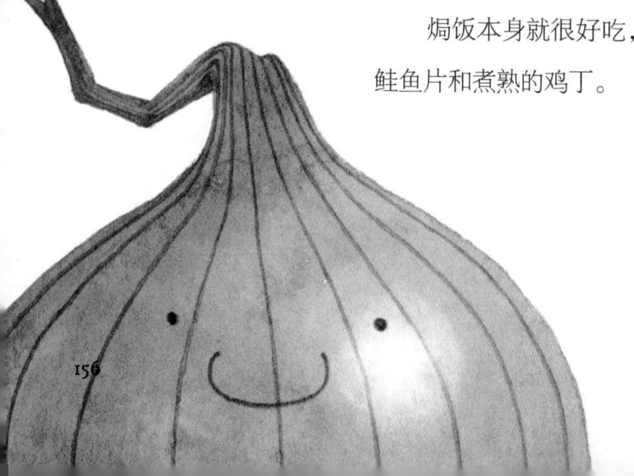

我最喜爱的西班牙蛋饼 ☺☹

这款蛋饼可以在第二日切开冷食。在基本的煎蛋饼步骤之外，我还添加了一些配料，详见下面的烹制方法。

四份成人量

橄榄油，3 大匙

洋葱，1 个，去皮，切细

冻豌豆，50 克

帕尔马奶酪碎，2 大匙

土豆，175 克，去皮，切成 1 厘米见方的小块

红椒，半个，去籽，切块

鸡蛋，4 个

盐和胡椒

还可以

用 2 大匙格吕耶尔奶酪代替帕尔马奶酪

大个儿番茄，1 个，切块

或蘑菇，50 克，切细

或熟火腿或培根，100 克，切丁

50 克甜玉米代替豌豆

取一口直径为 18 厘米的不粘炒锅，放油烧热。放入土豆和洋葱翻炒 5 分钟后，再放入红椒，翻炒 5 分钟。放入豌豆，继续翻炒 5 分钟。鸡蛋里加入 1 大匙清水和帕尔马奶酪打散，再放入盐和胡椒调味。将蛋液淋在蔬菜上，煎 5 分钟，煎至蛋饼大致成形。放入预热好的烤架下烘烤 3 分钟，待其表面上颜色。（视情况可以用锡纸把炒锅的锅柄包裹起来，以防着火。）切成三角形，与沙拉一同食用。

自创隐形蔬菜番茄酱 ❄ ☺ ☹

对不爱吃蔬菜的宝宝来说，这道番茄酱再好不过。所有蔬菜都藏在番茄酱里面，宝宝看不见也挑不出来。这道美味的酱汁既可以淋在比萨上，也可以拌入鸡肉或米饭里。

四份成人量

轻质橄榄油，2 大匙

大蒜，1 瓣，压成蒜泥

中等大小的洋葱，1 个，去皮，切细

胡萝卜，100 克，去皮，碾碎

小胡瓜，50 克，碾碎

双孢蘑菇，50 克，切片

香脂醋，1 小匙

番茄泥，400 克（已过筛的番茄）

黄砂糖，1 小匙

冷冻蔬菜高汤，1 块，溶于 400 毫升的滚水中

鲜罗勒叶，1 把，撕碎

盐和新磨的黑胡椒粉

油锅烧热，放入蒜泥，煸炒几秒钟后，放入洋葱，煸炒 2 分钟。放入胡萝卜、小胡瓜和蘑菇，继续煸炒 4 分钟，偶尔翻动一下。加入香脂醋，煮 1 分钟。拌入番茄泥和砂糖，盖上锅盖，炖 8 分钟。倒入蔬菜高汤，煮 2 分钟，边煮边搅拌。放入罗勒，用盐和胡椒粉调味。用搅拌机搅打均匀。

家常快餐比萨 ☺☹

这款简单易做的比萨一直很受欢迎。也可以视喜好将烤面饼、小半块法式面包或掰开的口袋面包烘烤一两分钟，用作比萨皮。

两个比萨量

英式松饼，1个，切成两半

优质番茄酱，1大匙

红色的香蒜沙司，1小匙

橄榄油，1大匙

小个儿红皮洋葱，半个，去皮，切块

双孢蘑菇，2个，切细

小个儿小胡瓜，半个（约50克），切薄片

火腿或意大利香肠，1片，切小块（可不加）

切达奶酪碎或马苏里拉奶酪碎，50克

盐和新磨的黑胡椒粉

松饼烤至金黄后晾凉。烤架预热。将番茄酱和香蒜沙司搅拌均匀，涂抹在松饼上。煎锅内倒入橄榄油烧热，放入洋葱，煎2分钟，再放入蘑菇和小胡瓜，煎至质地变软、色泽金黄后调味。

把蔬菜倒在松饼上，表面抹平。撒上火腿或意大利香肠（可不加），再淋上一层奶酪。放入预热好的烤架下，烘烤4分钟左右，烤至色泽金黄，表面起泡。

鱼肉

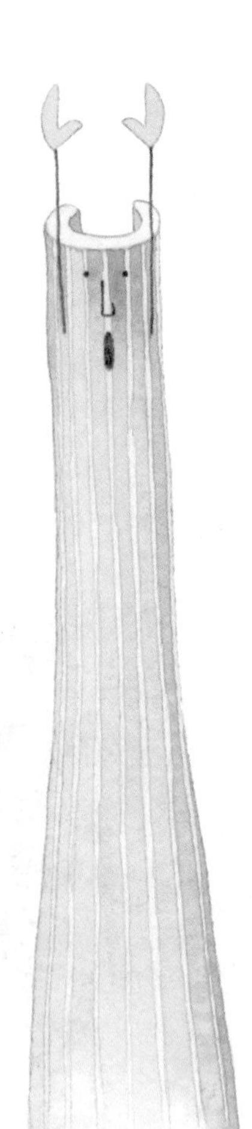

我最爱的鲑鱼饼 ❄ ☺ ☹

鲑鱼中富含 omega-3 脂肪酸，对大脑发育非常有益。医生建议每周至少食用 2 次富含油脂的鱼肉以保护心脏。这款鲑鱼饼做起来简单，吃起来味美，很受宝宝欢迎，全家人都可大快朵颐。

八块鱼饼量

土豆，250 克

红椒酱，1.5 大匙

小葱，20 克，切段

番茄酱，2 大匙

现制面包糠，60 克

干面包糠，100 克（用作裹粉）

蛋黄酱，2 大匙

柠檬汁，1 小匙

切达奶酪碎，35 克

鲑鱼排，250 克，去皮，切丁

盐和新磨的黑胡椒粉

葵花籽油（用于煎炸）

蘸酱

蛋黄酱，3 大匙

甜椒酱，2 大匙

土豆（带皮）放入锅内，倒入冷水。煮开后炖 20—25 分钟，炖至用小刀可以轻易划开。沥干水分后晾凉，待不烫手时剥去外皮，用勺子将土豆泥舀入碗内。拌入蛋黄酱、甜椒酱、柠檬汁、小葱、切达奶酪和番茄酱，大致搅拌一下。将拌好的土豆泥拌入生鲑鱼和现制的面包糠后调味。制成 8 个鱼饼，每个鱼饼外裹上一层干面包糠。煎锅里倒入少量葵花籽油，放入鱼饼煎 5 分钟左右，煎至色泽金黄，中间翻面一次。

将蛋黄酱和甜椒酱调匀，制成蘸酱。也可蘸番茄酱食用。

苗圃鱼饼 ❋ ☺ ☹

六份成人量

鳕鱼排，350 克（或鳕鱼和鲑鱼各 175 克），去皮

牛奶，350 毫升

月桂叶，1 片

胡椒籽，4 粒

带叶鲜欧芹，1 枝

盐和胡椒

黄油，25 克

中筋面粉，25 克

切达奶酪碎，40 克

新鲜的香葱末，2 大匙

莳萝碎，半大匙（可不加）

柠檬汁，2 小匙

煮熟的鸡蛋，1 个，切块

冻豌豆，60 克，按照包装上的说明煮熟

装饰配料

土豆，550 克，去皮，切块

黄油，40 克

牛奶，2 大匙

鱼肉放入锅内，加入牛奶、月桂叶、胡椒籽、欧芹和调料。煮开后开盖炖 5 分钟左右，炖至烂熟。淡盐水煮开，放入土豆，煮软后用作装饰。沥干土豆，与 40 克黄油和牛奶一起搅拌成泥。

鱼肉沥干，汤水留下备用。黄油放入锅内加热融化，拌入面粉。文火煮 1 分钟后慢慢倒入汤水，煮开后炖 2—3 分钟，并不停地搅拌，待汤汁浓稠后关火。拌入奶酪碎，搅拌至融化。鱼肉切块，夹入香葱、莳萝碎（可不加）、柠檬汁、煮熟的鸡蛋、豌豆和调料。把鱼块装入一个耐高温的盘子里（直径 18 厘米、深 7.5 厘米的盘子最为理想），淋上土豆泥。放入预热至 180℃的烤箱内烘烤 15—20 分钟。涂上余下的黄油，放入烤箱内烘烤 2 分钟左右，烤至上色且口感变脆。

外婆的美味鱼饼

这是我母亲最拿手的一道菜，全家人都爱吃，从来都是一扫而空。

六份成人量

鳕鱼排，450克，去皮

鸡蛋，1个，稍稍打散

植物油

橄榄油，1.5大匙

红椒，150克，去核，去籽，切块

番茄浓汤，2大匙

黄砂糖，半小匙

调味面粉

细面包糠，100克

洋葱，去皮，切细

青椒，75克，去核，去籽，切块

罐装番茄，400克

香脂醋，1小匙

盐和胡椒

奶酪酱

黄油，25克

牛奶，300毫升

帕尔马奶酪碎，40克

中筋面粉，3大匙

切达奶酪碎，75克

芥末，1/4小匙（可不加）

烤箱预热至180℃。鳕鱼排切成12条，依次裹上调味面粉、蛋液和面包糠。锅内倒入植物油烧热，放入鱼条，煎至两面金黄。用厨房纸将余油吸干。

锅内倒入橄榄油，放入洋葱煸炒3—4分钟。放入青椒和红椒，继续翻炒8分钟。将罐装番茄内一半的汁水挤出，把番茄和余下的汁水倒入锅内，加入番茄浓汤、香脂醋和砂糖。放入调料调味，煮5分钟左右。

将鱼肉和番茄酱混合后，装入一只耐高温的浅盘里。

下面来做奶酪酱。将黄油、面粉和牛奶放入锅内，开小火，不停地搅拌，待其顺滑浓稠（见 67 页）后离火，拌入 2/3 的切达奶酪和帕尔马奶酪碎以及芥末（可不加）。

将奶酪酱倒在鱼排上。撒上余下的奶酪碎。放入预热好的烤箱内烘烤 20 分钟左右。放在预热过的烤架下烘烤，使其上色。

奶油蘑菇酱炸鱼 ☼☺☹

如果是给大宝宝吃，可以把 225 克鲜菠菜煮熟后铺在盘底，上面并排放上鱼排，然后再淋上酱汁。

四份成人量

小个儿洋葱，1 个，去皮，切细
双孢蘑菇，225 克，洗净，切细
鲜欧芹碎，2 大匙
牛奶，300 毫升
鳎鱼或鲽鱼，1 条，制成鱼排
黄油，40 克
柠檬汁，2 大匙
中筋面粉，2 大匙

锅内倒入一半黄油烧热，放入洋葱翻炒。待洋葱表皮渐渐透明后，放入蘑菇、柠檬汁和欧芹，翻炒 2 分钟。放入面粉，继续翻炒 2 分钟，其间不停搅动。慢慢加入牛奶，并不停搅拌，直至酱汁变得顺滑浓稠。

鳎鱼排放入余下的黄油内，两面各煎 2—3 分钟。鱼肉切成小块，拌入蘑菇酱。或在鱼肉上淋上蘑菇酱，放入预热至 180℃的烤箱内烘烤 15 分钟左右，待鱼肉微微一碰就剥落时，就说明烤好了。

妈妈最喜爱的鱼饼 ☺☹

要是希望宝宝将来喜欢吃鱼，就应该试试这道美味的鱼饼。如果暂时不想烘烤，可以将鱼饼分装在小蛋糕碟里，先放入冰箱冷冻。

四个迷你鱼饼量

土豆，500 克，去皮，切丁

黄油，75 克

番茄，2 个，去皮，去籽，切块

牛奶，200 毫升

鲑鱼排，225 克，去皮，切成大块

月桂叶，1 片

鸡蛋，1 个，稍稍打散

牛奶，4 大匙

小个儿洋葱，1 个，切细

面粉，1.5 大匙

鳕鱼排，225 克，去皮，切成大块

欧芹碎，1 大匙

切达奶酪碎，50 克

盐，少许，或新磨的黑胡椒粉（1 周岁以上）

平底锅内加入适量淡盐水，放入番茄煮软（约 15 分钟）。番茄沥干后，加入 4 大匙牛奶和一半黄油调匀，再放入盐和胡椒粉调味。

黄油放入厚底锅内加热熔化，放入洋葱煸炒 3 分钟。放入番茄块翻炒 2—3 分钟。拌入面粉，继续翻炒 1 分钟。倒入牛奶，煮开后再加热 1 分钟。放入鳕鱼、鲑鱼、欧芹和月桂叶，拌匀后炖 3—4 分钟。取出月桂叶，放入切达奶酪碎，搅拌至融化。放入盐和胡椒粉调味。

烤箱预热至 180℃。把鱼肉分装在 4 个小蛋糕碟里（直径约 8—10 厘米），淋上土豆泥。再刷上一层蛋液，放入烤箱内烘烤 15—20 分钟。视喜好也可以放入预热好的烤架下，使其上色。

淡味咖喱虾饭 ☺☹

这道美味且有果味的咖喱虾饭，很受宝宝欢迎，做起来也不费工夫。可以与米饭一起食用。

三份量

橄榄油，2 大匙

小个儿洋葱，1 个，去皮，切细

姜末，1 小匙

科利咖喱酱，1 大匙

玛莎拉，1 小匙

罐装番茄块，227 克（小罐）

巧克力奶，250 毫升

柠檬汁，半小匙

芒果酱，0.5—1 小匙

大虾，200 克，去皮（鲜虾）

盐和新磨的黑胡椒粉

油锅烧热。放入洋葱翻炒 3 分钟。放入姜末、咖喱酱和玛莎拉，煸炒 2 分钟。放入番茄、巧克力奶、柠檬汁和芒果酱。煮开后开盖炖 8—10 分钟，其间不停搅拌，直至酱汁浓稠，橙色中带着红色。放入大虾，用盐和胡椒粉调味，继续炖 5 分钟，待大虾炖熟后变成粉色。

烤金枪鱼松饼 ❄ ☺ ☹

食品柜里可以放几个金枪鱼罐头随时备用。金枪鱼富含蛋白质、维生素D和维生素B_{12}。烤松饼做来不费工夫，既美味又健康。

一至二份量

罐装油浸金枪鱼，100克，沥干

番茄酱，1大匙

罐装甜玉米，2大匙

切达奶酪碎，25克

熟奶酪或蛋黄酱，1大匙

小葱，1根，切细

英式松饼，1个

金枪鱼切片放入碗内，拌入蛋黄酱、番茄酱、小葱和甜玉米。烤架预热，松饼切半，放入烤架下烘烤。金枪鱼分别抹在半个松饼上。再抹上一层奶酪碎，放在烤架下烘烤2分钟左右，直至色泽金黄，中间起泡。

金枪鱼口袋面包 ☺ ☹

两个口袋面包量

罐装油浸金枪鱼，100克，沥干

煮熟的鸡蛋，1个，切块

白葡萄酒醋，半小匙

番茄，1个，去皮，去籽，切块

口袋面包，1个

甜玉米，50克

蛋黄酱，1大匙

小葱，2根，切段

盐和新磨的黑胡椒粉

用叉子把金枪鱼搅散，加入甜玉米、熟鸡蛋、蛋黄酱、白葡萄酒醋、小葱、番茄和调料拌匀。口袋面包烤热后切半，制成2个口袋。把拌匀的金枪鱼分别塞入口袋里。

金枪鱼焗意面 ☺☹

六份量

螺旋意面，200 克，按照包装上的说明煮熟。

金枪鱼番茄酱

小个儿洋葱，1 个，去皮，切细
黄油，20 克
玉米粉，1 大匙
清水，120 毫升
罐装番茄奶油汤，400 克
混合干香草，半小匙
鲜欧芹碎，1 大匙
罐装油浸金枪鱼，300 克，沥干，切片
新磨黑胡椒粉

奶酪蘑菇酱

小个儿洋葱，1 个，去皮，切细
黄油，40 克
蘑菇，100 克，洗净，切片
中筋面粉，2 大匙
牛奶，300 毫升
切达奶酪碎，60 克
盐和新磨的黑胡椒粉
帕尔马奶酪碎，3 大匙

先做金枪鱼番茄酱。洋葱放入黄油内煸炒。玉米粉溶解于清水中，倒入番茄汤，与香草一同放入洋葱里，转小火翻炒 3 分钟。放入金枪鱼，待其热透后，用少许黑胡椒粉调味。

然后开始做奶酪蘑菇酱。洋葱放入黄油内炒软。放入蘑菇，翻炒 3 分钟。放入面粉，翻炒 1 分钟。慢慢倒入牛奶，不停搅拌至浓稠。离火，拌入切达奶酪。用盐和胡椒粉调味。金枪鱼番茄酱里拌入沥干的意面，舀入耐高温的盘子里。淋上蘑菇酱，撒上帕尔马奶酪。放入预热至 180℃的烤箱内烘烤 20 分钟，然后放在烤架下烘烤，烤至微微上色。

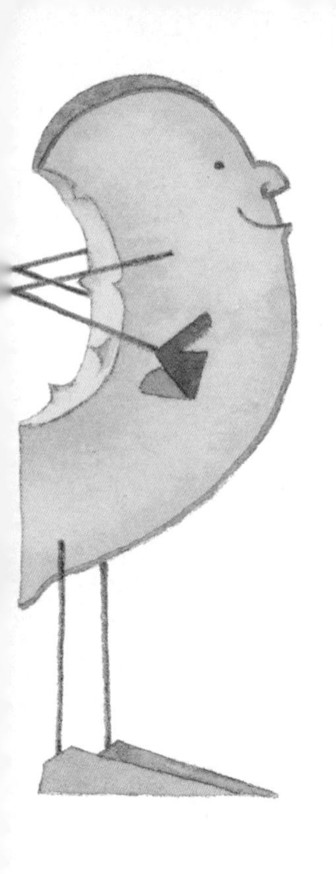

金枪鱼番茄意面 ☺☹

红皮洋葱和半晒干番茄给这道意面增添了独特的风味。半晒干番茄是晒得半干的甜味番茄，没有完全晒干后的番茄那么硬。

四份量

通心粉，200 克

橄榄油，2 大匙

中等大小的红皮洋葱，1 个，去皮，切细

熟樱桃番茄，4 个，先切成 4 块，去籽，再切成小块

罐装油浸金枪鱼，200 克，沥干

半晒干番茄，75 克，切块

香脂醋，1 小匙

鲜罗勒叶，1 把，撕碎

盐和新磨的黑胡椒粉

按照包装上的说明把通心粉放入煮开的淡盐水里煮熟。油锅加热，放入洋葱，煸炒 6 分钟左右，偶尔翻动一下，炒至变软。放入新鲜番茄，翻炒 2—3 分钟，炒至刚刚变软。放入金枪鱼、半晒干番茄、香脂醋、罗勒和调料，继续翻炒 1 分钟，拌入意面中即可食用。

鸡肉

泰式鸡肉面 ☀ ☺ ☹

别怕给宝宝换口味——这种泰式鸡肉面里的淡味咖喱和可可酱很受宝宝欢迎。宝宝常常爱吃口味多样的食物，这让我们大吃一惊。宝宝越小越容易接受新口味。这道鸡肉面全家都会爱吃。

四份量

浸泡酱

酱油，1 大匙

清酒，1 大匙

糖，半小匙

玉米粉，1 小匙

鸡胸，1.5 块，切成条状

中式面条，125 克

植物油，1 大匙

小葱，3 根，切段

大蒜，1 瓣，压成蒜泥

红椒，半小匙，去籽，切块

科利咖喱酱，1.5—2 小匙

鸡高汤（见 76 页），150 毫升

可可奶，150 毫升

玉米尖，75 克，切成 4 块

豆芽，100 克

冻豌豆，75 克

把配料拌在一起制成浸泡酱。鸡肉放入酱汁里浸泡 30 分钟以上。按照包装上的说明将面条煮熟后沥干，再用冷水冲洗干净。炒锅或煎锅里倒入植物油烧热，放入小葱、大蒜和辣椒煸炒 2 分钟左右。将腌渍好的鸡肉也倒进锅里一同煸炒，然后放入咖喱酱、鸡高汤和可可奶，小火炖 5 分钟。放入玉米尖和豆芽，煮 3—4 分钟。放入豌豆，继续煮 2 分钟。放入面条，将面条浸热后即可食用。

烤炉烤鸡 ☺☹

好酱汁会使肉质变松，口味更佳，烤出来就知道不一样。我用烤炉顶上附盖子的韦伯牌烧烤炉。即使是在英格兰，一年四季都可以享受烧烤的乐趣。这两份酱汁足够浸泡900克带骨去皮的鸡胸肉——换成牛羊肉也可以。

四至五份成人量

海鲜浸泡酱

酱油，2大匙

米酒醋，2大匙

植物油，1大匙

海鲜酱，2大匙

蜂蜜，1大匙

蒜泥，半小匙（可不加）

红烧浸泡酱

米酒醋或白葡萄酒醋，3大匙

酱油，2大匙

蜂蜜，1大匙

麻油，半大匙

姜末，1小匙（可不加）

小葱末，1大匙

把所有配料混合起来分别制成两种酱汁。放入鸡肉腌制2个小时以上，然后炙烤15—25分钟。烧烤时要不时抹些酱汁且翻转一下。深色肉比浅色肉难熟。鸡肉要烤熟，但不能烤焦，不然就会很干。如果在表面烤焦之前，看不出到底烤熟了没有，可以把鸡肉放入预热至200℃的烤箱里烘烤25—30分钟后，再挪到烤炉上炙烤几分钟，让其自然上色。

加香烤鸡 ☺☹

这样的鸡肉串吃起来很有趣，婴幼儿尤其喜欢。帮宝宝把肉从扦子上取下来，然后把扦子收好——精力充沛的宝宝拿着扦子该有多危险啊。

两份成人量

鸡胸肉，2 块，去骨

小个儿洋葱，1 个，去皮

小个儿红椒，1 个，去籽

浸泡酱

花生酱，2 大匙

鸡高汤，1 大匙（见 76 页）

米酒醋，1 大匙

蜂蜜，1 大匙

酱油，1 大匙

蒜泥，1 小匙（可不加）

芝麻，1 小匙，烤香（可不加）

将配料调匀制成浸泡酱汁。取 4 根竹扦，放入水里浸泡片刻，以防烘烤时烧着。鸡肉、洋葱和红椒切成小块。鸡肉放入酱汁里浸泡 2 小时以上。把洋葱和红椒都串到扦子上（也可只用鸡肉）。把扦子放入预热后的烤架下，每面烘烤 5 分钟左右。不时抹一层酱汁。也可用烧烤架和烤盘烤制。

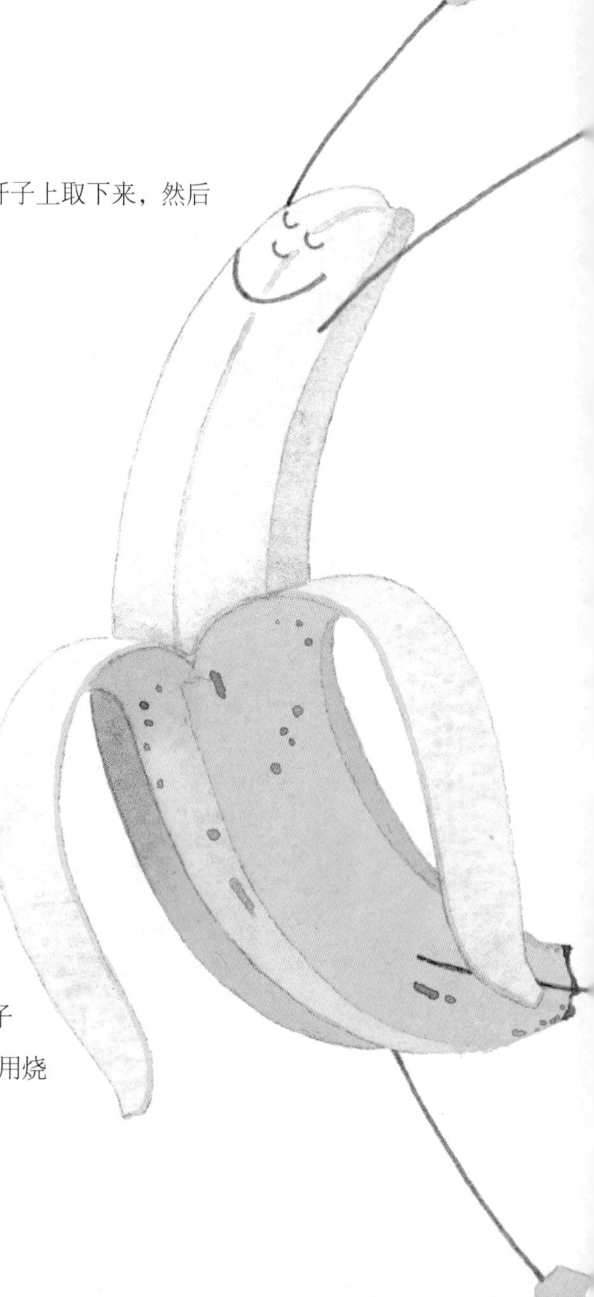

美味鸡土豆饼 ❄ ☺☹

我将一款怀旧食品推陈出新——美味鸡饼用好味道的白色酱汁拌过，上面淋上奶酪土豆泥。

四份量

装饰

土豆，500 克，去皮，切块

黄油，25 克

牛奶，100 毫升

切达奶酪碎，55 克

帕尔马奶酪碎，15 克

馅料

黄油，25 克

韭葱，1 根，切细

大葱，1 大根（或者 2 小根），切细

中筋面粉，25 克

鸡高汤，350 毫升（见 76 页）

厚奶油，100 毫升

熟鸡肉，250 克，切成细条

冻豌豆，75 克

欧芹碎，1 大匙

柠檬汁，1 大匙

盐和新磨的黑胡椒粉

土豆放入淡盐水里煮开，转小火炖 10—15 分钟。沥干后加入黄油、牛奶和奶酪，压成泥状。

下面制作馅料。将黄油放入锅内加热融化，用文火将韭葱和大葱翻炒 8—10 分钟，炒出香味但不要上色。拌入面粉，翻炒 1 分钟。慢慢倒入高汤，搅拌成顺滑的酱汁（离火可能更易操作）。加入奶油，搅拌至酱汁刚刚开始沸腾。拌入鸡肉、豌豆和欧芹。离火后拌入柠檬汁，并放入调料调味。

用勺子将馅料舀入 1.5 升的盘内，淋上土豆泥。放入预热至 200℃的烤箱内烘烤 20 分钟左右。再放入预热好的烤架下烘烤几分钟，上色即可。可以在盘子下垫上一张烤盘纸，以防液体溅出。

烤盘烤鸡 ☺☹

我喜欢用烤盘来烤鸡肉、猪肉或鱼肉，这种烤法很健康，因为配料里的脂肪极其有限。我的 3 个孩子都喜欢这道菜，用酱汁浸泡过的鸡肉有种独特的风味，肉质更松。把食物放上去之前，烤盘要充分预热。

两份成人量

无骨鸡胸，2 块

橄榄油，1 大匙

浸泡酱

柠檬汁，1 大匙

蜂蜜，1 大匙

鲜带叶迷迭香，2 枝（可不加）

酱油，1 大匙

大蒜，1 小瓣，去皮，切片

用一把锋利的小刀在鸡胸肉上刺两三刀。用盐和胡椒调味。将酱汁配料混合，制成浸泡酱。放入鸡肉，浸泡 2 小时以上。烤盘预热后刷上一层油，把泡好的鸡肉放上去，每面烘烤 4—5 分钟，烤透为止。鸡肉切条，与胡萝卜、西兰花或豌豆等色彩鲜艳的蔬菜和薯片（或土豆泥）一同食用。

咖喱鸡肉汤 ❄ ☺ ☹

这道汤里用到了番茄，其中的淡味咖喱也是宝宝爱吃的。我小时候，全家人都爱喝这道汤，它是我母亲自创的。可以与米饭一起吃，特殊的日子里，还可以蘸印度薄饼吃。大部分超市里都可以找到印度薄饼。

八份成人量

鸡，1只，切成10块左右，去皮

调味面粉

中等大小的洋葱，2个，去皮，切块

淡味咖喱粉，2大匙

苹果，大个儿1个（或小个儿2个），去核，切薄片

柠檬，2片

月桂叶，1片

盐和胡椒

植物油

番茄浓汤，6大匙

鸡高汤，900毫升（见76页）

小个儿胡萝卜，1根，去皮，切薄片

无籽葡萄干，75克

红糖，1中匙

鸡块外面裹上一层调味面粉。放入植物油里炸至金褐色。用厨房纸吸干余油，装入焙盘。

锅内倒入少许油，放入洋葱煎至金黄，倒入番茄浓汤，拌匀。放入咖喱粉，转小火继续搅拌几分钟。拌入2大匙面粉，接着倒入300毫升高汤，搅拌均匀。

放入苹果、胡萝卜、柠檬片、无籽葡萄干、月桂叶和余下的高汤。用红糖、盐和胡椒调味。把酱汁淋在焙盘内的鸡肉上，盖上盖子，放入预热至180℃的烤箱内烘烤1个小时。取出柠檬片和月桂叶，鸡肉去骨，切块。

鸡肉冬南瓜塔津 ☀☺☹

我喜欢塔津的香味儿。挑食的人也很难从中找到他们不喜欢吃的水果和蔬菜。塔津是一道摩洛哥佳肴，一般是蔬菜、鸡肉（或羊肉）和果干的杂烩。下面的这道塔津简单易做。冬南瓜、科利咖喱酱和杏干煮在一起，别有滋味。我喜欢用有机杏干做配料，它们比普通杏干的味道要好。为使颜色鲜艳，普通杏干常用二氧化硫熏过。这道菜可以与松软的白米饭或粗麦粉一同食用。

四份量

橄榄油，1 大匙

红皮洋葱，1 个，切块

小个儿胡萝卜，1 根，去皮，压碎

小个儿冬南瓜，1/4 个，去皮，压碎

大蒜，1 瓣，压成蒜泥

科利咖喱酱，1 大匙

孜然芹，1/4 小匙

肉桂粉和生姜粉，1 小撮

洋葱干片，1 小撮（可不加）

罐装番茄块，400 克

番茄浓汤，1 大匙

蔬菜高汤，250 毫升（见 38 页）

蜂蜜，1 小匙

盐和新磨的黑胡椒粉

去皮去骨的鸡腿肉或鸡胸肉，300 克，切成可以一口咬下的小块

有机杏干，8 颗，切成边长 0.5 厘米左右的小块

炒锅内放油烧热。放入洋葱、胡萝卜和冬南瓜，煸炒 5—6 分钟，炒至软烂。放入大蒜、咖喱酱和香料，继续翻炒 2 分钟。放入番茄、浓汤、蔬菜高汤和蜂蜜。（如果挑食，可以在此时搅拌均匀。）煮开后炖 10—15 分钟，炖至浓稠。放入鸡肉和杏干，把火微微调小一些，用文火煮 10 分钟。待鸡肉煮熟后，用盐和胡椒粉调味。

红肉

自创美味牛肉汉堡 ❋ ☺ ☹

这款汉堡里加入了苹果碎，所以既清爽又美味。可以与沙拉和番茄酱一起夹入圆面包里，配上自制的薯条食用。夏天还可以放在烤炉上烤熟。要是想把汉堡冷冻起来，最好先别烤熟。先装在盘子里，覆上保鲜膜冷冻。冻硬之后再一个个覆上保鲜膜，这样吃的时候就可以随时拿出来解冻了。

八个汉堡量

红椒，半个，去核，去籽，切块
植物油，1 大匙
鲜欧芹碎，1 大匙
苹果，1 个，去皮，碾碎
现制面包糠，25 克
盐和新磨的黑胡椒粉
植物油（用于涂抹烤盘或煎炸）
洋葱，1 个，去皮，切细
瘦的牛绞肉或羊绞肉，450 克
冷冻鸡高汤，1 块，碾碎
鸡蛋，1 个，稍稍打散
喼汁，1 小匙
中筋面粉，少量

红椒和半个洋葱放入植物油里煸炒 5 分钟左右，炒至变软。碗内倒入煸炒过的洋葱、红椒和余下的生洋葱，与面粉和植物油之外的配料拌匀。用手将面粉捏制成 8 个汉堡。烤盘内抹上少许植物油，预热之后，放入 4 个汉堡，每面烤 5 分钟左右，烤至上色，食材全都烤熟。剩下的 4 个汉堡也如法炮制。也可取一口浅底煎锅，倒入少许油，将汉堡煎熟。这款汉堡既可以直接食用，也可以与沙拉和番茄酱一起夹入烤过的圆面包里食用。

番茄酱鸡尾酒肉丸 ❄ ☺ ☹

六份量

番茄酱

轻质橄榄油，1.5 大匙

大蒜，1 瓣，压成蒜泥

罐装番茄，400 克，切块

细砂糖，1 小匙

鲜罗勒碎，1 大匙

中等大小的洋葱，1 个，去皮，切片

新鲜的熟番茄，250 克，去皮，去籽，切块

香脂醋，1 小匙

盐和新磨的黑胡椒粉

肉丸

瘦的牛绞肉，350 克

青苹果，1 个，去皮，碾碎

鲜欧芹碎，1 大匙

盐和新磨的黑胡椒粉

植物油（用于煎炸）

中等大小的洋葱，1 个，去皮，切细

现制的白面包糠，50 克

冷冻鸡高汤，1 块，碾碎，溶于 2 大匙滚水里

中筋面粉（用于捏制肉丸）

先制番茄酱，油锅烧热，用文火煸炒洋葱和大蒜，炒至软烂。放入新鲜番茄，翻炒 1 分钟。放入罐装番茄、醋、糖和调料，小火炖 20 分钟。放入罗勒，倒入食品料理机里，搅打至顺滑。

接着来制肉丸。用手将上列的肉丸所有配料搓成 24 个小肉丸。煎锅放油烧热，用大火将肉丸炸熟，不时翻动一下。待上色后转小火，继续煎炸 5 分钟左右。倒入番茄酱，盖上锅盖，煮 10—15 分钟。

迷你快熟牛排 ☺☹

这款迷你牛排加入了美味肉酱和炒土豆，因而极其美味。

两份成人量或四份幼儿量

植物油，2 大匙	洋葱，1 个，去皮，切薄片
细砂糖，1 小匙	清水，1 大匙
牛肉汤，200 毫升	玉米粉，1 小匙，溶于清水
清水，1 大匙	喼汁，几滴
番茄浓汤，1 小匙	盐和胡椒
土豆，350 克，去皮	黄油，25 克

快熟薄牛排（排骨肉或牛臀肉），4 块（每块 60 克），厚度在 5 毫米上下

先制肉酱。煎锅内倒入 1 大匙植物油烧热。放入洋葱，煎 7—8 分钟，煎至微微泛出金褐色。放入糖和水，搅拌均匀。转大火，煮 1 分钟左右。待沸腾之后，拌入牛肉汤、溶于 1 大匙清水中的玉米粉、喼汁和番茄浓汤。放入盐和胡椒调味。一边搅拌一边煮 2—3 分钟，煮至汤汁浓稠。

下面来炒土豆。土豆切成大块，放入淡盐水里煮开后再煮 8 分钟左右，煮至刚刚变软。沥干后切成 1 厘米左右的厚片。煎锅内倒入黄油烧热，放入土豆翻炒 5—6 分钟，炒至口感变脆且泛出金褐色。

煎锅内倒入余油烧热，牛排用盐和胡椒调味后，放入锅内每面煎 1—2 分钟。与肉酱和炒土豆一同食用。

西兰花炒牛肉条 ❄ ☺ ☹

这道牛肉菜看简单易制，美味酱汁一同翻炒。芝麻放入无油无水的煎锅里翻炒几分钟，炒至色泽金黄，其间要不停翻炒，防止焦糊，这样芝麻就能炒香了。

四份成人量

大米，175 克

麻油，1 大匙

葵花籽油，半大匙

洋葱，1 个，去皮，切块

大蒜，1 瓣，压成蒜泥

中等大小胡萝卜，1 根，去皮，切成火柴棍大小

西兰花，100 克，切成小朵

牛排，250 克，切成细条

玉米粉，1 大匙

牛肉汤，150 毫升

红糖，2 大匙

酱油，1.5 大匙

芝麻，1 大匙，烤香

按照包装上的说明把大米煮熟。炒锅或煎锅内倒入麻油和葵花籽油烧热，放入大蒜和洋葱翻炒 3—4 分钟。放入胡萝卜和西兰花，翻炒 2 分钟。放入牛肉条翻炒 4—5 分钟。玉米粉里倒入 1 大匙冷水，拌入牛肉汤里。与红糖、酱油和烤香的芝麻一起放入煎锅内翻炒。上锅炖 2 分钟。与煮熟的大米一同食用。

意面

番茄酱意面 ☼ ☺ ☹

自制的优质番茄酱总是很受欢迎——可以与各种意面一同食用，也可以与现制的帕尔马奶酪碎一同食用。

四份量

橄榄油，3 大匙

洋葱，1 个，去皮，切块

大蒜，1 瓣，去皮，压成蒜泥

熟番茄，4 个，去皮，去籽，切块

罐装番茄，400 克，切块

糖，1 小撮

月桂叶，1 片

鲜罗勒碎，2 大匙

盐和胡椒

意大利细面条，250 克

油锅烧热，放入洋葱和大蒜煸炒 5—6 分钟，炒至变软。放入新鲜番茄、罐装番茄、糖、月桂叶和罗勒碎，再用盐和胡椒调味。上锅炖 20 分钟左右。同时，按照包装上的说明将意面煮熟。沥干后淋上酱汁。

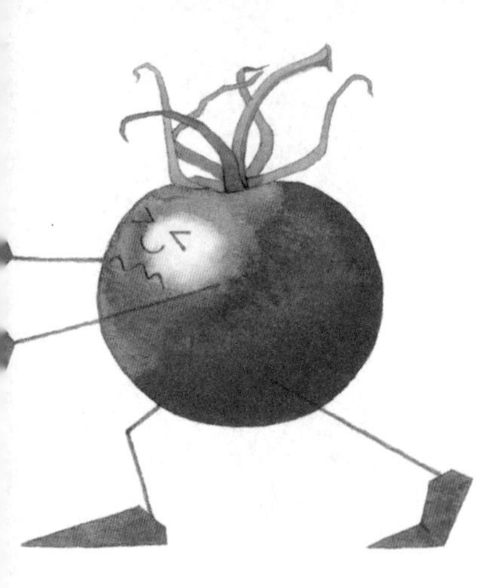

樱桃番茄奶酪意面 ☺☹

我家宝宝超爱吃，既可以趁热吃，也可以放凉了吃。

四份量

蝴蝶意面，175 克

小个儿樱桃番茄，100 克，切半

马苏里拉奶酪，1 块，切丁

生菜，少量，切条

调料

轻质橄榄油，2 大匙

米酒醋，2 小匙

蜂蜜，1/4 小匙

通心粉，半小匙

鲜香葱末，1 大匙（可不加）

按照包装上的说明将意面煮熟。沥干（视口味可放凉）后，与樱桃番茄、马苏里拉奶酪和生菜拌匀。将调料拌匀，拌入沙拉里。

三奶酪酱 ❄ ☺ ☹

这款奶酪意面酱既美味又有一股香浓的奶酪味。视口味可放入几片切成条状的优质火腿。

四份量

黄油，30 克

面粉，30 克

牛奶，300 毫升

格吕耶尔奶酪碎，50 克

帕尔马奶酪碎，40 克

马斯卡彭奶酪，150 克

通心粉，250 克

黄油加热融化后，拌入面粉，加热 1 分钟。慢慢加入牛奶，转小火不停搅拌，直至酱汁浓稠。离火，拌入格吕耶尔和部分帕尔马奶酪，待其融化后，拌入马斯卡彭奶酪。按照包装上的说明将意面煮熟后，拌入酱汁。与其余的帕尔马奶酪碎一同食用。

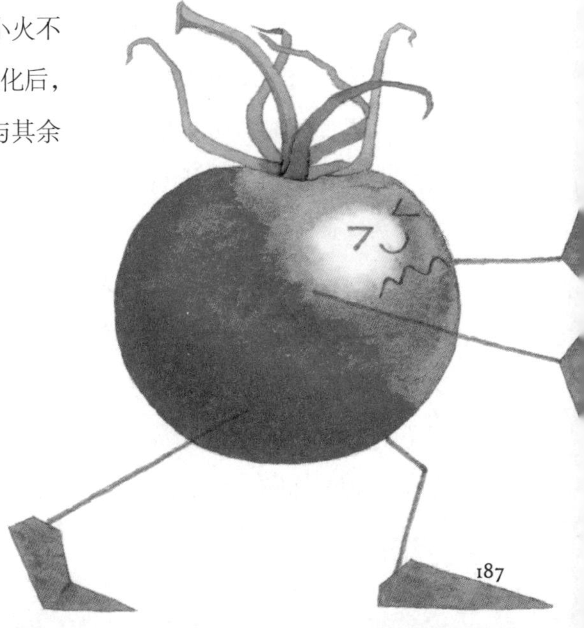

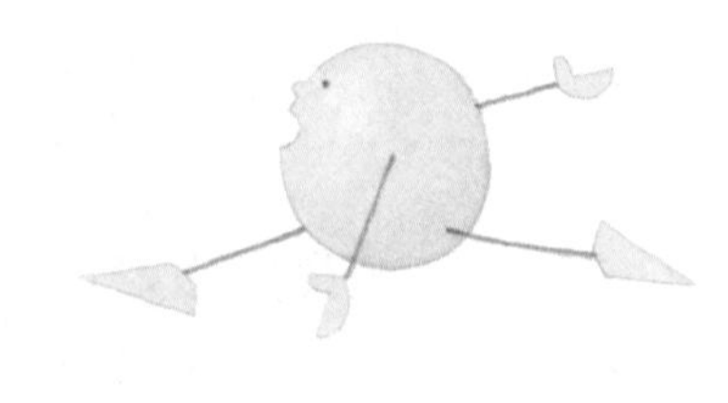

蔬菜意面 ☀ ☺ ☹

这款意面是用美味奶酪酱拌春季蔬菜制成的。也可以不用细面条，而用各种形状的意面。

四份量

意大利细面条，225 克

橄榄油，1 大匙

洋葱，1 个，切块

大蒜，1 瓣，压成蒜泥

中等大小的胡萝卜，1 根（约 75 克），切成火柴棍大小

中等大小的小胡瓜，1 个（约 75 克），切成火柴棍大小

花菜，125 克，切成小朵

淡味熟奶酪，150 毫升

蔬菜高汤，150 毫升（见 38 页）

冻豌豆，50 克

现制的帕尔马奶酪碎，50 克

按照包装上的说明将意面煮熟。厚底锅内倒油烧热，放入洋葱和大蒜煸炒 1 分钟。放入胡萝卜和小胡瓜，翻炒 2—3 分钟。把花菜放入烧开的淡盐水里煮 5 分钟，或蒸至软熟。炒好的胡萝卜和小胡瓜里放入熟奶酪、蔬菜高汤和豌豆，拌匀后煮 2—3 分钟，接着拌入帕尔马奶酪碎。沥干意面，淋上酱汁。

水果

苹果奶酥 ❄ ☺ ☹

做得好的水果奶酥充满了怀旧风味。做起来也不费什么工夫。下面这款苹果奶酥是我的最爱。可以视口味在苹果煮熟后拌入150克新鲜的黑莓，再加入半大匙糖。也可以把400克大黄切细，与100克草莓和4大匙细砂糖拌在一起。这款奶酥适合趁热与香草味的冰激凌一同食用。

六份量

甜苹果，750克，去皮，去核，切片

1个鲜橙榨出的橙汁

黄油，25克

细砂糖，2大匙

奶酥装饰

中筋面粉，100克

盐，适量

凉黄油，75克，切成小块

蔗糖，60克

杏仁粉，40克

烤箱预热至180℃。苹果放在碗里，倒入橙汁。黄油放入大平底锅内加热融化，苹果沥干后放入锅内，橙汁留下备用。苹果内放糖翻炒8分钟左右，拌入2大匙橙汁。

下面来制奶酥。把面粉、盐、黄油和蔗糖放入食品料理机内，搅打几秒钟。待其形似面包糠之后，拌入杏仁粉。或将面粉、盐和蔗糖拌在一起，再用手将黄油揉搓进去。

把苹果肉舀入直径为20厘米的耐高温玻璃圆盘内，上面覆上奶酥。也可以分装在4—6个蛋糕碟里。放入烤箱烘烤30分钟。

迷你奶酪蛋糕 ❄ ☺ ☹

这款蛋糕实在是既简单又不费工夫。可以用松饼纸杯来分装，还不需要烘烤。我们全家人都觉得味道好极了。很适合茶会或生日会的时候众人一起分享。孩子自己动手做也很有趣。要是不想用纸杯分装，也可以放在玻璃的蛋糕碟上。

六个迷你奶酪蛋糕量

消化饼干，6 块

黄油，50 克

马斯卡彭奶酪，250 克（1 盒）

柠檬酪，6 大匙

柠檬汁，1 大匙

浓奶油，120 毫升

柠檬酪，3 小匙（可不加）

蛋糕模里放上 6 个大纸杯。饼干装在袋子里，用擀面杖碾碎。黄油融化后拌入饼干碎，再分装在纸杯里。用手将杯底压实后，放入冰箱冷藏，同时准备馅料。

将马斯卡彭奶酪、柠檬酪和柠檬汁用电动手持搅拌器搅打均匀。奶油打至湿性发泡。把奶油倒入奶酪混合物里。用勺子将馅料舀进纸杯里。可以视口味在最上层添加 1 小匙柠檬酪，并用鸡尾酒签拨出尖角。

迷你面包黄油布丁 ☺☹

如果食柜里没什么可吃的，可以试试做这款布丁。我喜欢用小蛋糕碟来分装。

四个小碟量

白面包，4 小片

黄油，30 克，室温下软化

杏仁酱，满满 1 大匙

无籽葡萄干，50 克

香草精，1 小匙

鸡蛋，1 个

浓奶油，150 毫升

牛奶，100 毫升

细砂糖，50 克

蔗糖，2 大匙

烤箱预热至 180℃。面包一面上依次涂一层黄油和一层杏仁酱。切掉外面的硬壳，把每片面包切成 4 个三角形。分装在 4 个蛋糕碟（直径约 10 厘米）上。撒上无籽葡萄干。将香草精、鸡蛋、浓奶油、牛奶和细砂糖都放在一个罐子里拌匀，然后倒入蛋糕碟。撒上蔗糖。静置 20 分钟。放入烤箱内烘烤 20 分钟，烤至蓬松且微微上色。马上食用。

冰棍

口味可以自创。各种组合都可以尝试一下，比如可以选择新鲜或冷冻后的浆果，将其制成浓汤或滤干残渣后制成果汁，加入少许糖粉以增加甜味，再与小红莓汁或黑醋栗汁混合。还可以拌入适量酸奶，比如迷你益生菌酸奶。可将一罐荔枝汁与少量柠檬汁（或酸橙汁）拌在一起，滤干残渣后制成口味清爽的冰棍。

草莓果汁冰棍 ❋ ☺ ☹

宝宝最爱吃的一定是冰棍。外面买的冰棍大多添加了人造香精和色素，所以最好还是自己动手用新鲜水果来做冰棍。相比其他浆果，草莓里维生素 C 含量更高。两种口味的冰棍吃起来更好玩儿。冰棍模具里可倒入一半草莓汁，冷冻几小时以后，再倒入一半橘色的果汁，比如苹果和芒果或热带水果的混合果汁。

四根冰棍量

细砂糖，30 克

清水，40 毫升

草莓，250 克，摘掉叶子，切半

中等大小的橙子，1 个，榨汁（约 40 毫升）

将糖和水倒入深底锅内，熬成糖浆（约 3 分钟）。放凉后，用电动手持搅拌器将草莓搅打成泥，倒入糖浆和橙汁，然后倒入冰棍模具内。放入冰箱冷冻。

蜜桃百香果冰棍 ❄ ☺ ☹

选择表皮皱缩的百香果，这说明果子已经长熟，果味香甜。

六根冰棍量

大个儿橙子，2个，榨汁

汁水丰富的熟桃，2个，去皮，去核，切块

百香果，3个，榨汁，滤去残渣

糖粉（用于增加甜味）

将所有配料用搅拌机搅打至顺滑。倒入冰棍模具里冷冻。

祖母的罗克申布丁 ☺ ☹

罗克申指的是一种很细的鸡蛋面。

四份成人量

罗克申，225克

大个儿鸡蛋，1个，打散

黄油，25克，加热融化

牛奶，250毫升

香草糖或细砂糖，1大匙

混合香料，半小匙

无籽葡萄干和有籽葡萄干，各75克

杏仁片，少量（可不加）

细面条放入滚水里煮5分钟左右，沥干，与其他配料拌匀。放入抹了油的浅烤盘里，放入预热至180℃的烤箱内烘烤30分钟左右。

草莓酸奶冰激凌 ☺☹

这款酸奶冰激凌简单易做，味道很好，采用天然原料制成。还可以用新鲜的覆盆子（浓汤或滤去残渣后的果汁）和蜜桃酸奶制成蜜桃覆盆子酸奶冰激凌。我喜欢把它装在高脚杯里，再放上几颗浆果，就像冰激凌圣代一样。

六份成人量

细砂糖，100 克

清水，300 毫升

鲜草莓，350 克

草莓酸奶，300 毫升

浓奶油，150 毫升，打发

蛋白，1 个，打发

砂糖放入锅内，加水煮开后，继续煮 5 分钟，制成糖浆。离火，晾凉。将草莓搅打成汁，滤去残渣后与糖浆混合。拌入酸奶和已打发的奶油。用冰激凌机搅打 10 分钟，然后拌入打发的蛋白，继续搅打 10 分钟，打至硬性发泡。

如果不用冰激凌机，也能制成冰激凌，但要花不少时间。可将混合物倒入耐低温的塑料盒里，放入冰箱冷冻。冻上一点儿的时候从冰箱里取出，搅拌一下，再放回冰箱。1 个小时以后再搅拌一次，拌入打发的蛋白，再次冷冻。如此在冷冻过程中再搅打 2 次。

注意：这款冰激凌中用到了未煮熟的蛋白，孕妇、老人、幼童或免疫功能不全者忌食。

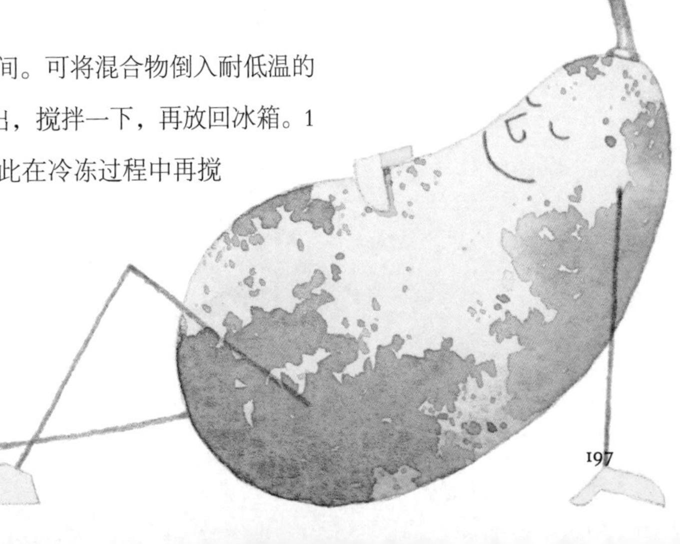

苹果花 ☺☹

可以用一张擀好的千层酥皮来做。只需将酥皮整好形再烘烤即可——所以非常容易上手。也可以取一块酥皮，自己来擀。

六份迷你苹果挞

千层酥皮，300 克
细砂糖，40 克
杏仁香精，几滴
黄油，25 克，加热融化
细砂糖（撒在表层）
柠檬汁，1 大匙
黄油，40 克
鸡蛋，1 个
杏仁粉，50 克
小个儿苹果，3 个
杏仁酱，2 大匙，滤去残渣
糖渍樱桃，6 颗

烤箱预热至 200℃。用 1 个圆形的切模（直径约 10 厘米）从酥皮上切下 6 张挞皮，或用 1 把锋利的小刀沿着 1 只盘子的盘口切一圈。下面来做杏仁馅。将黄油和砂糖打至蓬松，加入鸡蛋、杏仁香精和杏仁粉，搅打至顺滑。用叉子在挞皮上刺几下，用刷子刷上少量黄油。每张挞皮上涂上适量杏仁奶油。

苹果去皮，去核，切半，再切成薄片。每张挞皮上摆上一圈苹果。苹果上刷上少量黄油，撒上一层细砂糖，放入预热好的烤箱内烘烤 20 分钟左右，烤至挞皮酥脆，苹果烤熟。将苹果挞放在网架上晾凉。

将杏仁酱和柠檬汁倒入小锅内，稍稍加热，在苹果上刷上少许融化后的杏仁酱，使其色泽鲜亮。每个苹果挞正中放上 1 颗糖渍樱桃作为装饰。

胡萝卜菠萝松饼 ☺☹

这款松饼美味到了极点，还非常健康，每次一出炉就会被一抢而空。

十三个松饼量

中筋面粉，100 克

中筋全麦面粉，100 克

泡打粉，1 小匙

小苏打，3/4 小匙

肉桂粉，1 小匙

姜粉，1 小匙

盐，半小匙

植物油，175 毫升

细砂糖，75 克

鸡蛋，2 个

胡萝卜，125 克，压碎

罐装菠萝块，225 克，沥干

有籽葡萄干，100 克

烤箱预热至 180℃。将面粉、泡打粉、小苏打、肉桂粉、姜粉和盐一起过筛，混合均匀。植物油、砂糖和鸡蛋一起搅拌均匀。放入胡萝卜碎、菠萝块和葡萄干。慢慢倒入各种粉末，将所有配料搅打均匀。

将面糊倒入松饼模内的纸杯里，烘烤 25 分钟左右，烤至上色。（也可以用仙女蛋糕的模具来制作，但需要减少烘烤时间。）放在网架上晾凉。

动物纸杯蛋糕 ❄ ☺ ☹

纸杯蛋糕总是受到孩子的喜爱。孩子喜欢将表面装饰成动物的样子。为取得最佳口感，黄油和鸡蛋都应该提前从冰箱里取出，待其回温。要是想做巧克力纸杯蛋糕，可以将 25 克的自发粉改为 25 克可可粉，并使用巧克力味的奶油糖霜。

十个蛋糕量

黄油或植物黄油（室温下回温），125 克

细砂糖，125 克

柠檬皮屑，半小匙

鸡蛋，2 个

自发粉，125 克

泡打粉，1/4 小匙

奶油糖霜

无盐软质黄油，100 克

糖粉，225 克，过筛

牛奶，1 大匙

香草精，半小匙

糖衣

糖粉，225 克，过筛

温水，2.5 大匙

食用色素，几滴

烤箱预热至 180℃。松饼模里放上 10 个纸杯。将黄油、糖、柠檬皮屑、鸡蛋、自发粉和泡打粉倒入碗内，打至顺滑。将面糊倒入纸杯，烘烤 20 分钟左右，烤至上色且有弹性。从烤箱里取出松饼模，静置几分钟，再将纸杯放在网架上晾凉。

烘烤的时候，可以来制表面的装饰。先做奶油糖霜。将黄油搅打至蓬松，放入一半糖粉，打至顺滑。放入余下的糖粉、牛奶和香草精。将奶油糖霜分装在几个碗里，滴入几滴食用色素。如果是做巧克力味的奶油糖霜，可将 200 克糖粉和 25 克可可粉混合。

下面来做糖衣。将糖粉和足量的温水混合，拌匀，分成三份，拌入食用色素。待蛋糕凉透，将奶油糖霜和糖衣铺在蛋糕顶上。用糖果和黑色的糖粉笔在蛋糕上做装饰，装饰成小动物的样子。要是为派对准备这款蛋糕，可以提前一个月把蛋糕做好，放入塑料盒里冷冻。在装饰前放在室温下解冻。

自创米花方糖 ☺☹

有没有孩子或大人不爱吃米花方糖的？这款米花方糖只需几分钟就能做好。孩子也可以自己动手做，既简单又有趣。方糖可以放进冰箱里保鲜，吃的时候再拿出来享用。可以选择各种果干，半干的芒果也很好。

九块方糖量

白巧克力，100克

黄油，75克

黄糖浆，3大匙

米花棒，85克

自选混合果干，75克（如杏干、葡萄干和越橘干各25克）

巧克力掰成块，放入锅内，加入黄油和黄糖浆，小火融化。将米花和果干放入大碗里，拌入融化后的白巧克力糊。

取一个直径为20厘米的方形烤盘，铺上油纸，将巧克力糊舀入烤盘，用土豆压碎器轻轻将表面压平。放入冰箱冻硬后，切成方块食用。不吃的时候就放在冰箱里冷藏。

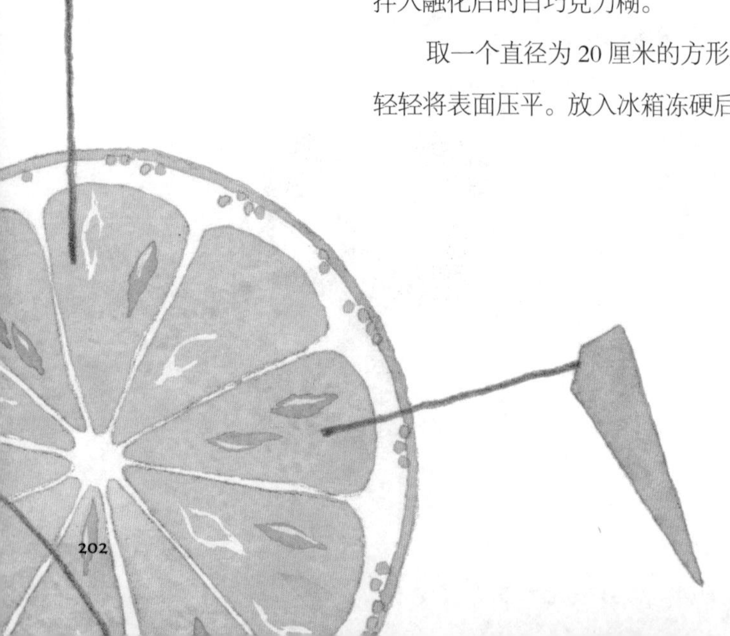

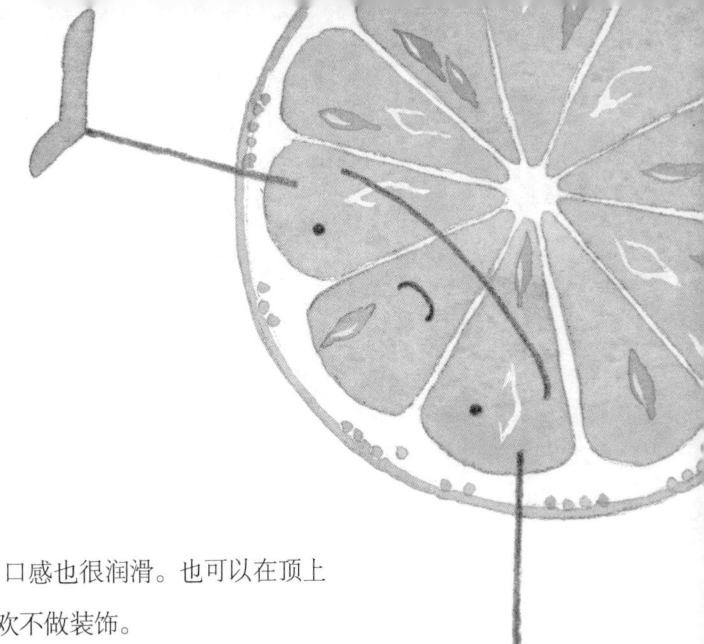

酸奶葡萄干纸杯蛋糕 ❄ ☺ ☹

因为放入了酸奶和杏仁粉，所以这款蛋糕味道极好，口感也很润滑。也可以在顶上抹上一层糖衣，就像动物纸杯蛋糕一样（200 页），但我喜欢不做装饰。

十六个蛋糕量

原味酸奶，150 毫升	鸡蛋，3 个，稍稍打散
香草精，1 小匙	黄砂糖，175 克
自发粉，140 克	杏仁粉，100 克
泡打粉，1 小匙	盐，适量
黄油，160 克，室温下软化	有籽葡萄干，75 克

烤箱预热至 190℃。松饼模里放入 16 个纸杯。

将酸奶、鸡蛋和香草精放入罐中搅拌均匀。取一只大碗，倒入砂糖、自发粉、杏仁粉、泡打粉和盐拌匀。粉末中间挖一个小洞，倒入酸奶糊和黄油，快速翻拌均匀。小心不要过分搅拌。葡萄干沾些面粉，拌入面糊里。

将面糊分装在纸杯里。不要装得太满。烘烤 18—20 分钟，烤至蛋糕膨胀且有弹性。静置几分钟后再放在网架上晾凉。

我最爱的巧克力方饼干 ☺☹

孩子们的派对或下午茶时候最适合吃这个了。可以根据口味只用牛奶巧克力或黑巧克力，还可以只用消化饼干。也可以用小块的棉花糖来代替杏干。

十六块饼干量

消化饼干，100 克

姜饼，100 克

牛奶巧克力，150 克

黑巧克力，100 克

黄糖浆，85 克

无盐黄油，85 克

即食杏干，100 克，切块

葡萄干，50 克

米花棒，40 克

取一个直径为 20 厘米的方形浅烤盘，抹上一层油，铺上一层油纸。将饼干掰碎后装入塑料袋，用擀面杖隔着塑料袋将饼干擀成碎末。

将巧克力、糖浆和黄油隔水融化。也可以放在微波炉里，用高火转 2.5—3 分钟，中间搅拌一次。拌入饼干碎，待其均匀裹上液体后，放入杏干碎和葡萄干，最后拌入米花棒。

将混合物倒入预热好的烤盘里。用土豆压碎器按压表面，放入冰箱里冷冻。食用前切成方形。

索引

---

① 以下索引均是据所用原料分类的，并非按照最后做出的食物而分。

致谢

在写作此书的过程中，我得到了以下诸位的热心帮助和真诚建议：儿童健康学院幼儿营养学专业的高级讲师玛格丽特·劳森女士，米德尔塞克斯医院的幼儿内分泌学家查尔斯·布鲁克教授，希林顿医院儿科专家、皇家内科医师学会会员山姆·塔克教授和埃维里娜儿童医院儿童过敏问题专家亚当·福克斯博士。

还要感谢雅基·莫利、玛丽·琼斯，以及所有参与了此版拍摄的小宝宝及其父母。感谢伊伯里（Ebury）出版社的全体出版人，尤其是萨拉·拉韦尔、维基·奥查德、凯里·史密斯和菲奥娜·马欣德尔；还有设计者史密斯和吉尔摩工作室，此版设计非常可爱。感谢摄影师戴夫·金拍摄的美丽照片，以及娜丁·威肯登所绘的精美插图。我母亲，伊夫琳·埃特金德一直鼓励着我，在此顺致谢意。感谢戴维·卡梅尔耐心教我如何使用电脑。最后，最要感谢的是我的孩子们：尼古拉斯、拉拉和斯卡莉特，他们激发了我的写作灵感。

关于作者

安娜贝尔·卡梅尔是英国育儿与儿童食品和营养方面的畅销书作家。她擅长研制美味且营养的儿童食谱。她的食谱简单易行，父母再也不需要一连数个小时在厨房里埋头做饭了。安娜贝尔有三个孩子，是英国首屈一指的育儿书作者，她的食谱类书籍销量在英国美食图书排行榜上名列第四。她有 22 本图书都是有关婴幼儿喂养的（其中还包括教导孩子自己烹饪），比如《家庭食谱大全》、《挑食者食谱》和《100 道婴儿浓汤》。她的书在世界范围内已销售 400 万本。她的这本《安娜贝尔育儿食谱大全》是婴幼儿喂养方面的权威参考书，销量一直位列美食畅销书排行榜的前五名。

除出书以外，她还为挑食的孩子准备了一系列食谱，其中的食材在超市都可轻易买到，她还挑选了一系列做婴儿食品所必需的器具、酱料和意面。安娜贝尔还与迪斯尼乐园一同为儿童创制了一系列健康食品，并与迪斯尼共同冠名。安娜贝尔研究如何能让孩子们在家庭游乐场、旅馆和饭店吃得更好，她的食谱遍布于大型的主题公园，以及英国最大的度假集团 Haven Holidays 和 Butlins。

2006 年 6 月，在女王生日时，安娜贝尔因其在儿童营养领域的杰出贡献获颁“大英帝国勋章”。2009 年，安娜贝尔因其所创制的婴儿食谱获得了享有盛誉的餐饮人和酒店管理者最佳食品奖以及《母婴》杂志的终生成就奖。2010 年，安娜贝尔获得杰出妇女媒体奖，这个奖是颁给那些在各自领域引领下一代潮流的女性的。她的网站 www.annabelkarmel.com 广受欢迎，已有 10 万名用户，为婴儿、儿童和成人的父母提供了各种美味的食谱以及各种营养知识。2011 年 CITV 推出了三十集电视系列节目《安娜贝尔的厨房》，倡导与孩子一同下厨。

图书在版编目（CIP）数据

安娜贝尔育儿食谱大全 /（英）卡梅尔（Karmel,A.）著；于小双译．—南京：译林出版社，2012.12

书名原文：Annabel Karmel's New Complete Baby and Toddler Meal Planner

ISBN 978-7-5447-3295-6

Ⅰ.①安… Ⅱ.①卡… ②于… Ⅲ.①婴幼儿-食谱 Ⅳ.①TS972.162

中国版本图书馆CIP数据核字（2012）第225457号

ANNABEL KARMEL'S NEW COMPLETE BABY AND TODDLER MEAL PLANNER
by ANNABEL KARMEL, ILLUSTRATIONS by NADINE WICKENDEN

著作权合同登记号　图字：10-2012-476号

书　　名　安娜贝尔育儿食谱大全
作　　者　〔英国〕安娜贝尔·卡梅尔
译　　者　于小双
责任编辑　陆元昶
特约编辑　霍春霞
出版发行　凤凰出版传媒股份有限公司
　　　　　　译林出版社
出版社地址　南京市湖南路1号A楼，邮编：210009
电子信箱　yilin@yilin.com
出版社网址　http://www.yilin.com
印　　刷　北京燕泰美术制版印刷有限责任公司
开　　本　889×1194毫米　1/24
印　　张　9.5
字　　数　239千字
版　　次　2012年12月第1版　2012年12月第1次印刷
标准书号　ISBN 978-7-5447-3295-6
定　　价　36.00元

译林版图书若有印装错误可向承印厂调换